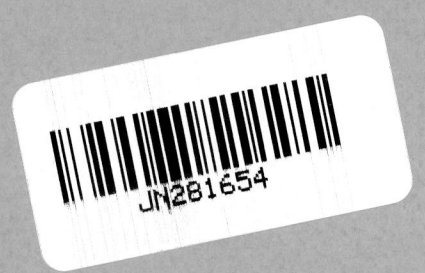

シリーズ●安全な暮らしを創る 12

そのおもちゃ安全ですか

深沢三穂子

コモンズ

まえがき

「こどもたちの体に何が起きてるの？」
「環境の変化は、こどもたちにどんな意味をもたらすの？」
いま、こんな不安や疑問をもたずにこどもを育てている親は、たぶんいないでしょう。生存に欠かせない太陽や大地の恵みさえも、いまでは安心して享受できるものではなくなってしまいました。

私には4人のこどもがいます。2人はアトピーで、3人が花粉症です。末っ子の小学生の息子は生後9カ月で、大学生の次女は小学校5年生の秋に、それぞれアトピーを発症しました。末っ子は赤ちゃんらしい柔らかい肌を見たことがありません。ずっと、全身に鳥肌が立ったようになっていました。
「この子の体は、いったいどうなっちゃってるの？」
本能的な不安と疑問が交錯する育児の日々でした。

こどもたちの体には、確実に異変が起きています。それは、何かの予兆でしょう。でも、こどもたちにのしかかるさまざまなリスク(害を与える可能性)を「仕方がないから」と受け入れるわけにはいきません。

4つの命を育ててきたなかで、「大丈夫かな？」と最初から気になっていたのが、おもちゃです。おもちゃなしに育つこどもは、いないはず。この本では、おもちゃをめぐるいろいろな問題を私自身の強烈な体験も交えながら、私なりに調べて、書きました。化学物質がたくさん使われているので、見慣れない言葉も出てきますが、できるだけわかりやすく書くように心がけたつもりです。「知らなきゃ損！」。子育てにかかわるすべての方々に、ぜひ読んでいただきたいと思います。

2005年9月

深沢三穂子

■そのおもちゃ安全ですか　目次

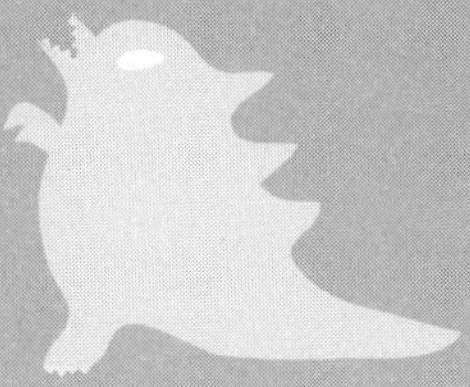

本文デザイン　日高　眞澄
本文イラスト　下村小夜子

CHAPTER 1

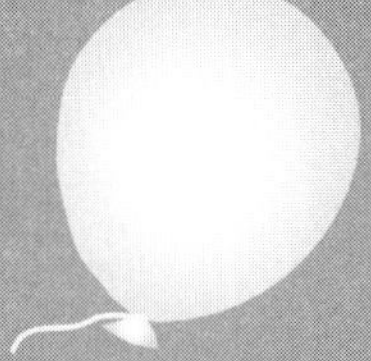

プラスチック製のおもちゃばかり

おもちゃ売り場はプラスチック製のオンパレード

産婦人科で「おめでたですよ」と言われたときの歓び、ときめき。いまも忘れられません。「おもちゃは、どんなものがいいかな」とスーパーの赤ちゃん用品売り場へ、さっそく向かいました。ところが、マル高の新米ママの、真綿のように柔らかでやさしい我が子への思いとは裏腹の、どぎつくて冷たい感触のプラスチック製のおもちゃばかりだったのです。

「こんなお粗末な、おもちゃばかりでいいの？」

デリケートでふっくらとした私の気持ちは、現実に打ち砕かれたような気がしました。命を育み、人間を育てる母親としての感性というか、ちょっとした思いって、とっても大切。こどもを育てるということほど世の中の大事業はない、といってもいいでしょう。

当時もいまも、おもちゃの材質はプラスチックが主流。どぎつい工業的な色や光沢、冷たい感触、創造性のないワンパターン。幼な子の柔らかでデリケートな肌や口元に、そんなおもちゃは似合うでしょうか。

おもちゃ美術館館長の多田千尋氏は、つぎのように書いています。

「日本の郷土玩具を見ると、子どもの健康を願ったおもちゃが多いことに驚かされる。

……おもちゃはその国の、その時代の大人たちがどのようなメッセージを子どもたちに送っていたかを知る手がかりになりやすい。……大人が子どものことをどれだけまじめに考えているかを識る、リトマス紙の役割をおもちゃは果たす」(『おもちゃのフィールドノート』中央法規出版、1992 年)

こんな視点でおもちゃ売り場を見ると、こどもの健康を願うどころか、心身ともに健康を損ねかねないようなものばかり。「たかがこどものおもちゃ」と軽んじて、こどもの文化を大切にするポリシーが欠落してきたのかもしれません。

私は化学的知識なんてまるでない、フツーの新米ママでした。最初から感じていた素朴な疑問は、数年後に我が子のちょっとしたいたずらがきっかけで大ハプニングとなり、プラスチック製のおもちゃへの決定的な不信感と怒りへと変わっていったのです(第 3 章参照)。

日本のおもちゃの 9 割がプラスチック製

おもちゃって、そもそも、何なのでしょうか？　広辞苑には「子供が持って遊ぶ道具。娯楽を助け、また活動を誘導するのに役立つもの」とあります。つまり、こどもが遊びに使う道具はすべておもちゃなのです。人間が誕生したときから、こどもたちは何らかのものを使って遊んできたはずですから、太古の時代からおもちゃは存在していたといえるでしょう。

おもちゃ業界の団体である日本玩具協会(67 年設立、バンダイ、タカラ、トミーなどおもちゃメーカー 207 社と 14 の業界団体で構成)によると、こどものおもちゃの約 9 割がプラスチック製！ありとあらゆるところにプラスチックは使われていて、オギャーと生まれた瞬間から、こどもたちはプラスチック三昧《ざんまい》の生活を強いられています。

“こどもがオモチャにされている。おもちゃ産業の餌食にされている！”としか、私には思えません。これは、単なる被害妄想でしょうか？

おもちゃは、赤ちゃんや幼いこどもにとって、安心して飲むことのできた(いまや、母乳もダイオキシンなどで汚染されていますが)母乳やミルクの延長線上にあるものです。そして、こどものおもちゃを見直すことは、（口はばったい言い方だけど）こどもの文化や人権、さらにこどもとおとな、こどもと社会との関係を見直すことでもあると思います。

おもちゃは、こどもが使うことを前提に、こどものためにつくられるもの。だからこそ、社会全体で責任をもって考えましょう。こどもたちの日常生活から遊び場としての空間が消えつつあるいま、おもちゃへの依存度は増すばかり。おもちゃ売り場のゲームの前で、目をパチパチさせている幼いこどもを見かけると、切なくなりませんか。

その是非はともあれ、おもちゃはますますこどもと切っても切れない関係になっているのですから、おとなが自信をもって与えられるものでありたいですよね。

赤ちゃんは触覚的世界の住人

「バブバブ童具」という桐の木を材料にしたおもちゃを創っていた佐藤和江さん（アトリエ「樹門」）は、こう書かれています（童具とは、おもちゃのことです）。少し長いですが、抜粋して紹介しましょう。私の思いをよく表しているからです。

「0～1.5 歳児は、形や色など視覚的興味よりも、まだ触覚的世界の住人です。触って、にぎって、なめて、かじって、すべての触覚で試して物を認識し、受け入れ、愛着を育てていく大切な時期なのです。

でも、このころのこどもたちは自

分のおもちゃに対する選択権を持っていません。両親やおじいちゃん、おばあちゃんが『まあ、かわいい』とか『わあ、きれい』とか『メルヘンチック！』『ためになりそう』などの理由で買ってくるのが普通だと思います。だから、こどもたちは、本当に望むおもちゃを与えられていないのではないでしょうか？

『ワンワンだよ』とか『牛さんだよ』とかには、それほど関心はないのです。自分の手にすっぽりおさまるとか、さわって快いとか、指をつっこめるとか、そういう触覚的快感を十分に満足させてあげていただきたいと思います。こどもは、おとなたちの思いもよらない形、自分の手になじむ形を直観できるようです。

童具を考える時、豊かな触覚をはぐくむこの時期にプラスチックではなく、コンクリートではなく、金属でも塗料の表面でもない物。自然な木肌、触って、さらっとやわらかく、暖かな感触の、桐の木を選びました」(アトリエ樹門のパンフレット』)。

親にすれば(私もそうでしたが)、「何か与えなくては」との思いにかられます。でも、一番大切なのはスキンシップだということを忘れてはいけないでしょう。

私自身の幼いころを思い出すと、6歳ぐらいまでは、母が布団に入るのを待ちかねるように、必ず母の腕を触りながら眠りについていた記憶があります。そういう動物としてのつながり、プリミティブな親子の関係は、幼児期に限らず、とても大切。安易に形のあるものに頼ったりする必要はないのかもしれません。

私の場合は、母の腕＝肌がもっとも安心して眠れた素材でした。ただ、いろいろな素材に触れて周囲の世界を認知していくという意味で、何かがプラスされることは望ましいでしょう。とはいえ、その素材としてヘタなモノを与えるなら、何も与えないほうがマシ！「人間力を信じよう、取り戻そう」と言いたいです。

セルロイドから塩ビへ

第二次世界大戦後の1950年ごろに日本で最初に登場したプラスチック製おもちゃは、キューピー人形に代表されるセルロイド(ニトロセルロースプラスチック)人形です。しかし、燃えやすくて危険という理由で、55年に業界が使用を自主的に中止しました。代わって登場したのがポリ塩化ビニル(以下、塩ビ)で、人形類、ボール、お面などに使われるようになっていきます。

プラスチック製おもちゃの登場は、おもちゃに材料革命をもたらし、木、布、ブリキなどの天然素材にとって代わるようになりました。なぜなら、「燃え難いこと、及び色彩が鮮明に仕上げられる点、成形は金属に似ていて、しかも組立工程が少なく生産費の削減ができる点など、優れた特徴を持って」(斎藤良輔『昭和玩具文化史』住宅新報社、78年)いたから。要は、つくる側にとって都合のいい素材だったということです。

それにしても、私たち消費者もこの50年あまり、売らんがためにメーカーがジャンジャカつくり出したおもちゃを、右から左へこどもたちにあてがうだけでした。「こういうおもちゃをつくって」と言ってはこなかったことも、反省する必要があるでしょう。

私がプラスチックおもちゃの元祖よ！
(むかしセルロイド、いま塩ビ)

CHAPTER 2

プラスチックのどこが問題なの？

1
プラスチックの種類と製造方法

石油からつくられる

プラスチックは、石油などから人工的に合成された高分子化合物(分子量がとても大きい物質)で、力を加えると延びたり曲がったりする性質(可塑性)をもつ物質です。種類は代表的なものだけで塩ビ、ポリエチレン、ポリプロピレン、PET樹脂、ABS樹脂、ポリスチレンなど約20種類。学術的なものを含めると約1000種類あります。

製造方法を図1に示しました。

まず、石油精製工場で石油を加熱・蒸留して沸点の差で分解し、ナフサ・ガソリン・灯油・軽油などに精製(熱分解)。さらに、石油化学工場でナフサを分離・精製して、モノマーという原料を合成します。モノマーは「ひとつのもの」という意味の、分子量が100以下の低分子化合物。これが、エチレン・プロピレンなどのプラスチック原料です。

つぎに、数百個から数万個のモノマーを結びつけて大きな分子をつくる(重合する)と、プラスチックがで

図1　プラスチックの製造方法

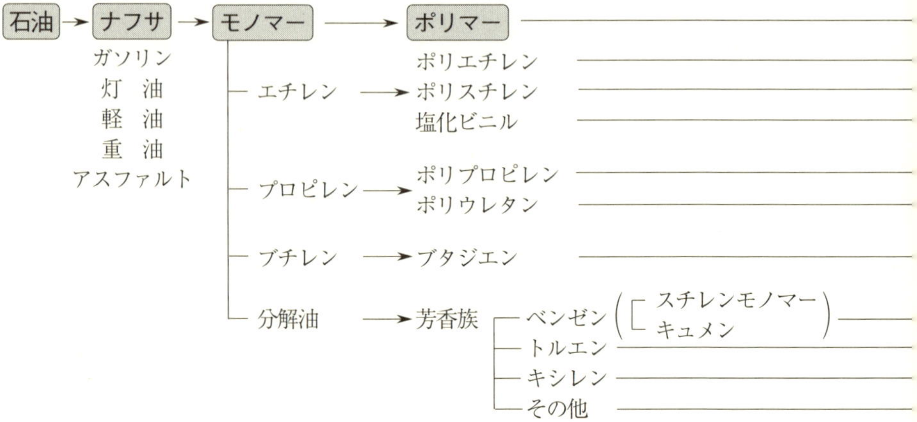

(注) 芳香族は、ベンゼン核をもつ炭化水素で、名前のとおり甘いようないい匂いがする。ベンゼン核
(出典)「石油化学工業の現状(1998年)」(石油化学工業協会)などを参考に作成。

きます。これがポリマーです。ポリマーは、「たくさんのもの」という意味の高分子化合物です。たとえば、エチレンモノマーを重合するとポリエチレンやポリスチレン、プロピレンモノマーを重合するとポリプロピレンやポリウレタンというプラスチックができます。

こうしたプラスチックを加工して、さまざまな製品が各種工場でつくられていきます。たとえば、家電製品、食品容器、ポリ袋、ラップ、浴室用品、台所用品、ポリバケツ、ビニール傘、注射器……。そのひとつが、おもちゃです。

栄えるも石油、滅びるも石油

石油からつくられるのは、プラスチックだけではありません。①合成繊維原料、②合成ゴム、③塗料原料・印刷インキ・溶剤、④合成洗剤・界面活性剤原料、⑤食品添加物・医薬品・農薬などが製造され、つぎのような製品に利用されます。

①衣料、寝具、カーテン、カーペット、テーブルクロス、ロープなど

②タイヤ、チューブ、はきもの、スポーツ用品、おもちゃ、手袋など

③自動車､電車､船､各種機械など

④洗剤、シャンプー、繊維、化粧品、紙・パルプなど

⑤安定剤、発色剤、乳化剤、酸化防止剤、品質改良剤、保存料、調味料、着色料、甘味料、香料など。

私たちの生活は「石油に始まり、石油に終わる」といえるでしょう。そして、その使用量を減らしていくことが、自らの健康や温暖化の抑止、地球環境の保全につながると、しみじみ思います。

→ **製品・用途**

→ 食品容器、包装材、農業用フィルムなど

→ テレビ、発泡製品(魚箱、トレー、断熱材)､おもちゃなど

→ 建材、農業用ビニール、医療用品、おもちゃなど

→ 食品容器、包装材、浴室用品、収納容器など

→ 家具、クッション、自動車部品、冷蔵庫の断熱材、靴底、スポンジなど

→ 合成ゴム、ABS 樹脂などのプラスチック

→ ポリアミド樹脂、合成洗剤、染料

→ 溶剤

→ ポリエステル繊維、溶剤

→ 接着剤、農薬、医薬品、可塑剤、不凍液など

は通称、亀の甲ともいわれ、6 個の炭素原子で構成される。発ガン性のあるものが多い。

〈コラム〉ちゃんと知ろう、化学物質の毒性

化学物質には、人工的につくられたものと、天然(私たちの体内のホルモンなど)のものがあります。1950年代ごろから、急速に人工的な化学物質が増えてきました。

アメリカ化学会(世界最大の化学系学術団体)に登録されている化学物質は、人工と天然でなんと計約1800

表1　化学物質の毒性の分類

分　　類	毒　　性
影響が出るまでの時間	急性毒性　　すぐに影響が出る 亜急性毒性　少し経ってから影響が出る 慢性毒性　　長期間経ってから影響が出る
症　　状	発ガン性　ガンになる 催奇形性　奇形ができる 感作性　　アレルギーになる 生殖毒性　生殖能力が落ちる 免疫毒性　免疫力が落ちる
取り込む経路	経口毒性　飲食物とともに胃腸から入る 吸収毒性　吸収する空気とともに肺から入る 経皮毒性　触れて皮膚から入る
作用機構	内分泌撹乱性　ホルモン受容体に影響 変異原性　　　細胞に突然変異を起こす 細胞膜傷害性　細胞膜を傷つける その他
影響を受ける生物	ヒト毒性 魚毒性 鳥類毒性 藻類毒性 生態毒性　ヒト以外の生物に対する毒性
影響を受ける臓器	肝毒性　　肝臓機能を悪くする 腎毒性　　腎臓機能を悪くする 神経毒性　神経を冒す

(出典)浦野紘平『どうしたらいいの？環境ホルモン』読売新聞社、1999年。ただし、表現を一部変えた。

万種類。日本では約6〜7万種類が製造・販売されているという説(専門家)、2〜3万種類が使われている(出回っている)という説(環境省)など、いろいろです。

こうした化学物質には発ガン性をはじめとして、さまざまな毒性をもつものがかなりあります。ほとんどの発ガン物質は、どんなに少量でもガンになる可能性が否定できません。そして、ガンになるリスクは、取り込んだ量に比例するといわれています。

表1に化学物質にはどんな毒性があるか、表2に世界保健機関(WHO)の下部組織である国際ガン研究所が定めている発ガン物質の分類を示しました。発ガン物質は確実に増えています。

なお、表1の魚毒性、鳥類毒性、藻類毒性は、それぞれ魚・鳥・藻に対する毒性です。また、生態毒性は環境毒性ともいいます。

表2　国際ガン研究所による人間に対する発ガン物質の分類

分類	分類の意味	指定物質数(98年)	指定物質数(05年)
1	発ガン性が十分証明されている物質	75	95
2 A	おそらく発ガン性がある物質	59	66
2 B	発ガン性がある可能性がある物質	225	241
3	発ガン性がある懸念があるが、情報不足で評価できない物質	474	497
4	おそらく発ガン性がない物質	1	1

(注)この分類と発ガン性の強さとは一致しない。
(出典)表1に同じ。ただし、2005年現在の数字を加えた。

2
製造・使用時の問題点

さまざまな化学物質が溶け出す

プラスチックにかけられる温度は、せいぜい200~300℃。800~1000℃という高温で焼き固めるガラスや陶器と比べて、きわめて低温です。そのため表面が軟らかく、内部に含まれている化学物質が製品中に溶け出しやすいという問題があります。

実際、最初はピカピカ、ツルツルでも、プラスチック製品は使っているうちに形状が変わっていきます。

①揚げ物(天ぷらやフライなど)のトレー

油の熱でトレーが溶け、底に小さな穴が開く。まさに一触即発!

②ポリバケツや布団干しバサミ

日光や雨にさらされて色褪《あ》せ、ザラザラしたり、ひび割れる。粉が手につくようなイヤな感じがする。

③ビニール傘やこどものビニール製ボール(塩ビ製)

可塑剤などが放出され、硬くなり、色褪せる。傘のヒダとヒダがひっつくのは、可塑剤が出るため。

④急須の先のタレ止め(塩ビ製)

熱湯を何度も注いでいると、可塑剤などが溶け出して、透明で軟らかだった部分が白濁し、硬くなる。溶け出た化学物質もお茶といっしょに飲むことになるから、はずして使おう。

⑤ペットボトル容器

何度か使いまわすうちに傷つき、白濁する。内部にカビも発生する。とくに、冷凍は止めたほうがいい。容器メーカーは、冷凍使用はまったく予想していない。

私の娘が高校生のとき、浄水器で電気分解したアルカリイオン水で麦茶を沸かし、冷ましてペットボトルに入れて冷凍し、学校で飲もうとしたら、底に白いドロンとした沈殿物があった。「ペットボトルから何か溶け出したのでは?」と疑い、何度か試すと同じ現象が発生。ある専門家は、「たぶん麦のタンパク質では?

明らかに目に見える形で化学物質が溶け出すはずはない。目に見えないものが溶け出しているから恐いのです」と言う。私の直感では、麦のタンパク質、浄水器で電気分解した

水、急速に冷凍庫で冷やしたことによる温度変化という条件が重なって何らかの反応が起こり、異様な物体が沈殿したのではないかと推測する。真相はわからないままなので、容器メーカーや専門機関にぜひ解明をお願いしたい。

⑥農業用ビニール

日光や雨にさらされて弾力がなくなり、ボロボロになる。

これらの現象は、プラスチックの成分が確実に環境や食品中に放出されて、移行、溶出、揮散していることを意味しています。プラスチックは自然界のさまざまな要因の複合的な作用のもとでは、決して安定した物質でも安全な物質でもありません。

プラスチック製造現場での勤務経験もある化学者の村田徳治氏は、製造・使用時の問題点として、おもにつぎのような化学物質が溶け出す危険性があると指摘しています。①ポリマー中の残存モノマーやオリゴマー、②添加剤、③着色剤、④触媒(モノマー触媒・重合触媒)の残渣(かす)です。以下、それぞれについて説明していきます。

ポリマー中の残存モノマーやオリゴマーの溶出

モノマーが平均的重合度に達していれば、モノマーという化学物質ではなくなります。でも、重合しきれずに未反応で残ってしまったモノマーや、重合しようとしていたのに反応が途中でストップして高分子(ポリマー)になりきれなかったオリゴマーが溶け出す危険性は、十分にあります。これらのなかには、発ガン性や環境ホルモンの疑いが指摘されている物質が含まれているのです。

また、ポリマーは、OECD(経済開発協力機構、先進国クラブともいわれる)のリスクアセスメント(危険性の評価)の検討対象から除外されています。ポリマー自体には危険性がないという理由からです。しかし、残存モノマーやオリゴマーが溶出している可能性があるわけですから、ポリマーも化学物質の検討対象にしていく必要があります。

さまざまな添加剤

プラスチックは、ポリマーの状態で使うわけではありません。その種類や用途に応じて、いろいろな添加

表3　添加剤の

種　類	物　質　名	問　題　点　な　ど
酸化防止剤	フェノール系 イルガノクス 1010、イルガフォス 168	毒性は不明
	BHT（ブチルヒドロキシトルエン）	催奇形性、染色体異常（使いにくさ、性能の悪さから、使用が減っている）
	BHA（ブチルヒドロキシアニソール）	発ガン性、変異原性、環境ホルモンの疑い（使いにくいため、使用が減っている）
	リン系（トリスノニルフェニルホスファイト＝ノニルフェノールの誘導体）	プラスチック中で分解すると、魚類に環境ホルモン作用のあるノニルフェノールを生成
紫外線吸収剤	ベンゾフェノン系（ジヒドロキシベンゾフェノン）	環境ホルモンの疑い
可塑剤	フタル酸エステル類	生殖毒性、発生毒性（催奇形性）、肝臓・腎臓障害、発ガン性（IARC グループ 3）、環境ホルモンの疑い
	アジピン酸エステル類	発ガン性、環境ホルモンの疑い
	クエン酸	環境ホルモンの疑い
難燃剤	臭素系	焼却時に臭素系ダイオキシンを発生（全ダイオキシンの 1/3 を占める）
	塩素系　有機系	焼却時にダイオキシンを発生
	リン系	神経毒性
	無機系（三酸化アンチモンなど）	

（注1）「環境ホルモンの疑い」は、環境省が環境ホルモンとしてリストアップした65物質。
（注2）塩ビに使われる安定剤については、40ページ表5参照。

剤を加えていきます。添加剤は1000種類ぐらいあるといわれています。おもなものとその問題点を以下にまとめました（表3参照）。

①酸化防止剤

製造・使用中の酸化や劣化を防ぐ。フェノール系がもっとも多く使われ、複雑な構造のものが増えている。リン系は変色防止効果にすぐれ、とくに淡色のプラスチックに使われる。BHTやBHAは催奇形性や発ガン性などがあり、リン系は環境ホルモン作用のあるノニルフェノールを生成する。

②紫外線吸収剤

紫外線による劣化を防ぐ。屋外で使用中に雨水で消失したり、接触した他の物質へ移行する場合がある。

種類と問題点

種　類	物　質　名	問　題　点　な　ど
帯電防止剤	界面活性剤 ポリ(オキシェチレン)アルキルフェニルエーテルなど	分解中にノニルフェノールを生成
抗菌剤	無機系(銀・銅・亜鉛などの金属+ゼオライト・セラミックなどの組み合せ)	金属によるアレルギー
	有機系(有機シリコン系第四アンモニウム塩など)	皮膚障害など
	天然系(ヒノキチオール、キトサンなど)	
防カビ剤	バイナジン	毒物(毒物及び劇物取締法)
	TBZ(チアベンダゾール)	バナナや柑橘類の食品添加物にも使われる
	プリベントール	低毒性
発泡剤	ニトロソ化合物など	発ガン性(IARC グループ 3)、変異原性(厚生労働省)
滑剤	オレアミド、ステアリルアミド	
	ステアリン酸バリウム	劇物(毒物及び劇物取締法)
架橋剤	アミン類	毒物(毒物及び劇物取締法)
	アルデヒド類	発ガン性(IARC グループ 2 B)
	スチレンモノマー	発ガン性(IARC グループ 2 B)、環境ホルモンの疑い(海外の文献)

環境ホルモンの疑いもある。

＊ポリエチレン・ポリプロピレンなどのポリオレフィン系(炭素と水素が鎖状につながり、その中に二重結合をもつプラスチック)は、酸化防止剤と紫外線吸収剤を一括して、安定剤という。そのいくつかは塩ビに使われる。

③可塑剤

硬いプラスチックを軟らかくするために加える。おもに塩ビに使われる。生殖毒性や発ガン性などがあり、環境ホルモンの疑いもある。

④難燃剤

電線、建材、家電製品、OA 機器などが高温にさらされて燃えるのを防ぐ。有機系は焼却時にダイオキシンを発生させる。

⑤帯電防止剤

プラスチックが帯びやすい静電気を防ぐ。分解中にノニルフェノールを生成する。

⑥抗菌剤

細菌の繁殖を防ぐ。金属の触媒作用で原材料や添加剤が溶け出しやすい。また、菌に対する抵抗力を弱め、感染症にかかりやすくなる。さらに、皮膚の常在菌のバランスを壊し、耐性菌を生み出す。

⑦防カビ剤

カビの繁殖を防ぐ。塩ビ(可塑剤がカビの栄養分になる)、ポリウレタン、エポキシ樹脂、シリコーン、アクリルなどの表面にカビが繁殖し、菌の作用でプラスチックが変形・腐食・分解するのを防ぐために使われるようになった。毒物に指定されているものもある。

⑧発泡剤

ウレタンフォームや発泡ポリスチレンなどスポンジ状のプラスチック製品を製造するために加える。発ガン性や変異原性があるものが使われる。

⑨滑剤

ポリマー間の摩擦を少なくし、製品が金型からはずれやすくする。また、必要以上の摩擦熱の発生を防ぐ。劇物に指定されているものもある。

⑩架橋剤

強度を増したり、流動性を低下させる。毒物に指定されているもの、発ガン性や環境ホルモンの疑いがあるものも使われている。

どんなものをどれだけ入れるかに、樹脂メーカーはしのぎをけずっているそうです。添加する量は製品全体の約1~60%と大きな幅がありますが、問題の多い化学物質がたくさん使われていることに変わりはありません。とくに、おもちゃや文房具などに使われる軟質塩ビには多種多量の添加剤が含まれています。一日も早く、安全な添加剤に転化(変更)してほしいですね。

重金属類が使われる着色剤

着色剤のおもな目的は、プラスチック製品の見ばえをよくし、商品性を高めることです。そのほか、光線の透過を防止して内容物を保護したり、不透明にする目的もあります。使われているのは、有害な重金属類の鉛系、クロム系、カドミウム系、水銀系など。こうした重金属類には神経毒性、発ガン性、環境ホルモンの疑いなどがあります。

原料は、ほとんど染料と顔料(水や溶剤に溶けない粉末)。これをプラスチックに練り込んで着色します。ただし、どちらも再凝集しやすいので、分散しやすくしたり、扱いやすくするために、分散助剤を添加するようです。

とりわけ、おもちゃはカラフルさが要求されるので、着色剤は大きな問題となります。

触媒の残渣(かす)が残る

触媒は化学反応の速度を変化させる物質で、それ自身は変化しません。重合させたポリマーの中に触媒がそのままの形で残ってしまうと、プラスチックとして使うときに不都合が生じます。業界関係者は、こう言っています。

「触媒を残さずに、いかに純粋なポリマーにするか。少量の触媒でいかに大量のポリマーを得るか。これが、プラスチック重合の長年の課題でした」

たとえば、1g の触媒で 1 kg のポリマーを得た場合、1000 分の 1 の重合触媒がポリマー中に残存することになります。でも、100 kg や 1000 kg のポリマーを得れば、その残存率は極小になるのです。触媒は高価なので、触媒の重合比を上げることは、コスト面でも大きな意味があります。

触媒に何を使うかは企業秘密ですが、技術の進歩で長年の課題である残存率の問題は少しずつクリアされつつあるようです。とはいえ、100%クリアされたわけではありません。触媒に有害物質(ホルムアルデヒド、アクリロニトロルなど)が使われることもあるし、いまもポリマー中にごくわずかとはいえ残っています。

〈コラム〉深刻さは変わっていない環境ホルモン

超微量で
胎児・乳幼児に影響する

環境ホルモンが日本で大きく社会問題化したのは 1997 年。「ワニやカモメなどさまざまな野生生物や鳥の体内に入ったごく微量の化学物質がホルモンのように働いて、オスがメス化するほど生殖に異変が起きている」と警告したアメリカの女性科学者シーア・コルボーン博士らの本『奪われし未来』が、日本でも翻訳されたからです。

「環境ホルモン」は日本の造語。正式には「外因性内分泌攪乱化学物質」といわれ、いわばニセモノのホルモンのような物質です。体の中に入った化学物質がホンモノのホルモンと同じように作用したり、ホルモンの正常な働きを妨害します。もっともダメージを受けるのは性ホルモンです。環境ホルモンの恐ろしさは、ここにあります。

そして、つぎの 2 点が深刻です。

第一に、1g の 10 億分の 1 とか 1 兆分の 1 という、想像もできないような、かぎりなくゼロに近い量で、全身の調節機能を狂わせてしまう。

第二に、母親からこどもへと世代間で受け継がれてしまう。胎盤やへその緒をとおして、あるいは母乳によって、赤ちゃんの体は汚染され、お母さんの体はキレイになる。それも、産むたびに。

環境ホルモンとの関連が
疑われる障害

大きく分けて 3 つあげられます。

①生殖障害

女性：乳ガン、子宮内膜症、不妊症、思春期が早くなる、母乳分泌量の減少など。

男性：精子数の減少と質の低下、尿道下裂(ペニスの先天的障害)、停

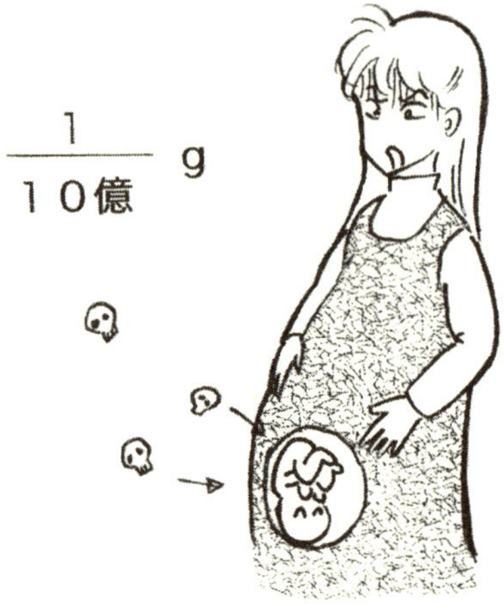

留精巣(精巣の下降が不十分で、精巣が途中で止まってしまう)、精巣ガン、前立腺ガンなど。

②脳神経障害

学習障害(LD)、注意力欠陥多動症(ADHD)、自閉症、知的発達の遅れ、暴力嗜好。

③免疫障害

アレルギー(アトピー性皮膚炎、花粉症、ぜんそく、アレルギー性鼻炎など)、自己免疫疾患(関節リウマチ、膠原《こうげん》病など)。

環境省がメダカとラットで影響を調査

環境省は98年、環境ホルモンの問題をこう位置づけました。

「人や野生生物の内分泌作用をかく乱し、生殖機能阻害、悪性腫瘍等をひき起こす可能性のある内分泌かく乱化学物質による環境汚染は、科学的には未解明な点が多く残されているものの、それが生物生存の基本的条件に関るものであり、世代を越えた深刻な影響をもたらすおそれがあることから、環境保全上の重要課題」

そして、内分泌攪乱作用の有無、強弱、メカニズムなどを解明するために同年、「環境ホルモン戦略計画SPEED '98」を発表。過去の研究・文献などを参考に、67物質をリストアップ(2000年に、予備調査でシロとされた物質を除く65物質に修正)し、メダカ(魚類)とラットを使って実験し、影響を調べました。

それは、対象物質を環境中で検出される濃度にまで薄め、水や餌に混ぜて調べる実験です。04年11月現在、メダカは24物質、ラットは22物質の試験が終わっています。結果はどうだったのでしょうか。

①メダカ

a) ノニルフェノール、4-t-オクチルフェノール、ビスフェノールAで影響を確認。メス化したオスの精子や受精機能が低下し、受精卵のふ化率も悪化した。

b) フタル酸ジ-2-エチルヘキシル、フタル酸ジ-n-ブチル、フタル酸ジシクロヘキシル、アジピン酸ジエチルヘキシル、ベンゾフェノンなど9物質で精巣のメス化が発生。ただし、受精卵のふ化率などは正常で、「明確な影響はなし」とされた。

②ラット

「危険性がありそうなものから実験した」が、影響を確認した物質はなかった。新たに10物質で実験中で、いまのところ影響は確認されていない。

人間の赤ちゃんについても、精巣などの先天異常とへその緒のビスフェノールAの濃度に関する疫学調査をしたが、関連はなかったとしています。

廃止されたリストと関連予算の削減

人間と同じ哺乳類であるラットで影響が確認されなかったため、環境省は04年11月、65物質のリストの廃止を発表。リストに当初から強い抵抗を示していた日本化学工業協会などは、廃止を大歓迎しました。塩ビ工業・環境協会は、塩ビの有用性・安全性など自称「正しい情報・知識」をPRしようと、小・中学生に副読本的なものを配布する考えがあるとか。もし本当なら、病ましさゆえの悪ノリとしか言いようがありません。

しかし、私たち消費者・市民にとっては納得できません。このリストは当面の要注意物質として参考になってきたし、使用削減効果もあったからです。そのリストが廃止されれば、専門家でもないかぎり、どんな物質が調査されているかさえわかりにくくなります。当然、社会の関心は薄くなり、環境ホルモン問題がどこかへ消え去ったかのような錯覚を与えることになります（『朝日新聞（夕刊）』05年4月22日、参照）。

環境省では、今後はリストはつくらず、すべての化学物質を視野に入れ、「法令などですでに規制されている物質、国内での使用実態がある物質、国際機関等の公的機関が影響が懸念される物質として公表した化学物質を対象にしていく」としています。つぎの3群に振り分けるそうです。

①ヒトにおいて内分泌攪乱作用が推察される物質。

②ヒト以外の生物種において内分泌攪乱作用が推察される物質。

③現時点では明らかな内分泌攪乱作用が認められなかった物質または暴露の可能性が低く、現実的なリスクが認められなかった物質。

しかし、「直接ヒトへの影響の可

能性が低くなった」という判断から、この調査研究の予算は削減されました。05年度政府案は、前年度に比べてマイナス5億円の7億円強。環境省の05年度化学物質調査費は、全体でも14億円程度。これまでは年間8〜12物質の調査が行われていましたが、今後は6物質程度しかできなくなる可能性もあるといわれています。

環境省は、「今後は、環境ホルモン問題の評価ということだけでなく、総合的な化学物質対策が必要」として、あたかも環境ホルモンはたいした問題ではないかのような言い方をしていますが、事態の深刻さは変わっていません。現時点では直接ヒトに与える影響が低いとしても、魚類ではかなりの数で異変が起きているからです。食物連鎖の頂点に立つ私たち人間は、残留性の高い化学物質(ダイオキシン、PCB、DDTなど)が生物濃縮された魚類はじめ、さまざまな化学物質が溶け出した飲み水や食べ物を毎日口にしている現実と不安があります。

市民団体の「化学物質問題市民研究会」(34ページ参照)は、こうした環境省の姿勢(「化学物質の内分泌かく乱作用に関する環境省の今後の対応方針について(案)」)に対して、「リストの廃止に反対する」意見(パブリックコメント)を05年1月に提出しました。以下はその概要です。

「(環境省は)平成10年度(1998年)から、水質、底質、土壌、大気の4媒体及び野生生物におけるSPEED '98においてリストアップされた化学物質の濃度を測定した。また、室内空気中の濃度、水生生物中の濃度、野生生物中の濃度、食事試料中の濃度についても、調査手法を開発し一部調査を実施した。

意見：その結果自体の評価をしていないのはなぜか。

「平成10〜15年度環境実態調査結果の概要(水生生物・野生生物)」を見ると、オクタクロロスチレン、4−t−オクチルフェノール、クロルデン、ダイオキシン類、ノニルフェノール、ビスフェノールA、フタル酸ジ−2−エチルヘキシル、フタル酸ジ−n−ブチル等々が高頻度で検出されていることを評価すべきではないか。また、ヒトについての体内濃度実態調査を実施すべきではないか。

「(3)ヒトの健康への影響評価のためのほ乳類を用いた試験と疫学的調査①ほ乳類を用いた試験」の項

意見

結果の多くが「ヒト推定曝露量を考慮した用量で有意な反応が認められたが、その反応は生理的変動の範囲内であると考えられ(またはその反応の意義については今後の検討課題とし)、明らかな内分泌かく乱作用は認められなかった。なお、既報告で何らかの影響が認められた用量では、一般毒性と考えられる影響が認められた」とされているにもかかわらず、概要では単に「ヒト推定曝露量を考慮した用量での明らかな内分泌かく乱作用は認められなかった」としか書かれていないのはおかしい。

今回の試験方法は新たに開発されたものであり、試験方法自体にも限界があったとされているのだから、「明らかな内分泌かく乱作用は認められなかった」と一言で結論づけているのは納得できない。ヒトの健康への影響評価については、国民がもっとも関心を持つ部分であるから、「これらの物質はヒトの健康に内分泌かく乱作用がないのだと結論づけられた」と誤解されないよう、正確に記載すべきである。

また、ヒト推定曝露量は正しく設定されているのか。個体差と、化学物質への曝露量が大きく感受性の高い胎児や子どもについて考慮されているのか。

そもそも低用量での試験は技術的に非常に難しいとされているが、これらの結果についての再現性は検証されているのか。

「Ⅱ今後の取り組み　2具体的な方針(4)影響評価」の項

意見

(内分泌攪乱作用を有すると疑われる化学物質の)リストを廃止することに反対する。

リストを廃止する理由として「試験対象とすべき物質は新たな科学的知見の集積により絶えず更新し続ける必要があること、取り組むべき物質の範疇自体も変容する可能性があること」をあげているが、これまでにリストからはずされた物質もあり、常に更新すれば済むことである。

本当の理由は、その後の「リスト

アップすることにより、あたかも内分泌かく乱作用が認められた物質であるかのような誤解を与える懸念があるとの指摘もある」ではないかと推測する。

リストは、国民の関心を高めることに大いに貢献してきた。化学物質の問題に一般国民が関心を持つことは難しい現状にあって、これだけ広まったのはリストがあったからこそである。リストに懸念があるなら、これから力を入れようとしているリスクコミュニケーションの場で正しい理解が得られるようにすればいいことである。

リストは、これまで、疑いのある物質を使わないようにしようという予防原則に立った自治体等の対応(掲載農薬の使用自粛等)を生んできたが、リストの廃止の方針が出たとたん、復活を認める自治体が出てきている。農薬に関しての評価は、これからのはずなのにも関わらずである。

つまり、「リストの廃止」は「リストに上げられていた65物質は、実は内分泌かく乱作用の根拠がなかった」と誤解されているわけで、誤解を解くべきである。さらに、これらの予防的対策が損なわれないようにすべきである」

大切なのは「疑わしきは使用せず」という予防原則

いま使われている化学物質は約10万種類。さらに、新たな化学物質が毎年1000種類も追加されているといわれます。そうした現状で、1年にわずか数種類の化学物質を調べるというのは、無限大の白地図に色塗りをしていくような気の遠くなる作業です。

ガンを誘発するだけでなく、いのちの根源をも脅かす化学物質の複合汚染の海を前にして、国民の健康よりも企業の利益を優先する国・日本。しかし、私たちは手をこまねいているわけにはいきません。

環境ホルモンの問題は、人類や地球環境の未来にきわめて重要な影響を及ぼします。「予防原則」を徹底させ、これまでのように行政が危険を立証するのではなく、企業側が安全を立証する責任を負い、「疑わしきは使用せず」という厳しいルールづくりが早急に必要です。

3
廃棄段階の問題点

焼却時の問題は
ダイオキシンだけではない

焼却時に注意しなければならないものは、いまわかっているだけで、大きく分けて3つあります。

1　ダイオキシン類

史上最強の毒物。発ガン性・生殖毒性・発生毒性(催奇形性)・免疫毒性があり、環境ホルモンの疑いもある。

2　重金属類

神経毒性と発ガン性があり、環境ホルモンの疑いもある。

3　多くの有害物質

1)　芳香族炭化水素類(PAHs)

さまざまな燃料が完全燃焼しないで出る黒煙(たとえばディーゼル車の排気ガスの黒煙・煤《スス》など)やコールタールなどの中にある。また、ビル・病院・学校などの暖房施設、家庭の石油ストーブ、タバコなどからも出る。ベンゾ〔a〕ピレンをはじめとして発ガン性のあるものが多く、環境ホルモンの疑いもある。

2)　Nitro-PAHs

1)が窒素酸化物と反応してできる。

強力な変異原性がある。DNAに傷をつけ、突然変異を起こす。生体内でいろいろなタンパク質と結びつき、多様な毒性を発現する可能性もある。

3)　ハロゲン族(塩素・臭素・フッ素など塩素の仲間の元素の総称)元素・窒素・イオウ原子を含む多くの有機化合物

最近は、メディアでダイオキシンや環境ホルモンについて、ほとんど取り上げなくなりました。一時のブームや軽いノリで終わらせるつもりでしょうか？　むしろ、そういうメディアこそ不気味で恐ろしいのかもしれません。

そして、最大の問題は、行政も業界も、何が発生しているかの全容を解明していないことです。ダイオキシンなどに詳しい摂南大学の宮田秀明教授は、こう述べています。

「ごみ焼却場からは数万種類(推定)の化合物が排出されています。でも、明らかになっているものはごく一部で、ダイオキシンはその微少部分にすぎません」

いまや、私たちの多くは、こうした話を聞いてもビクともしませんね。人間は、耐性ゴキブリにも似た変性種になりつつあるのかもしれません。ごみは、燃やせば姿は消えますが、わけのわからない置きみやげは、そこら中の環境を汚染しまくっているのです。

発ガン物質などが
埋め立て後に浸み出てくる

1994〜96年にかけて、国立環境研究所が全国の一般廃棄物・産業廃棄物の最終処分場33カ所の浸出水を調査しました。やや古いデータですが、これが唯一の調査例です。その結果をみると、約190種もの有機化合物が検出されています。これらは、ほとんどがプラスチックや農薬から浸み出てきたものですが、毒性評価ができるものはごくわずかです。

なかでも気になるのは、9割もの処分場から発ガン物質である1,4ジオキサンが高濃度で検出されたこと。発生源ははっきりしませんが、オイルやワックスなど工業用の溶剤、トランジスター、合成皮革、塗料、医薬品などに使われている有機化合物です。96年にオゾン層破壊物質として製造禁止になったトリクロロエタン(試薬や合成原料に使用)の安定剤としても使われていました。

1,4ジオキサンは、発ガン性と生物難分解の点から深刻な汚染が心配され、水道水に混入している可能性もあります。実際、東京都水道局は2002年8月14日、立川市内約3500世帯に飲料水を供給している砂川中部浄水所(立川市砂川町)と、西砂第一浄水所(同市西砂町)から、一定の濃度で検出されたと発表しました。このとき東京都は、2浄水所からの配水を中止しています。

『ゴミは田舎へ』(川辺書林、1996年)を書いた関口鉄夫氏は、こう述べています。

「廃棄され埋め立て処理されるプラスチック類は、雨水(酸性雨)、紫外線、温度変化、土中のバクテリア、加重などの影響を受け、プラスチック成分の溶出が始まることで、さらに複雑な化学変化を起こしているのではないかと推測される。湿潤な条件下では、廃棄されたプラスチック類の重量が、10年間に7%前後失われるという指摘もある」

200種類近くもの化学物質が最終処分場から検出されながら、そのほとんどが毒性もわからないまま、いまも環境を汚染しているのです。この責任は、いったい誰がとるのでしょうか?

4
日本にはきちんとした法的規制がない

食品衛生法で
一部に規制があるだけ

ここまで読んでいただければわかるとおり、「プラスチックは安全」という神話は大きな誤りです。プラスチック業界は、「水に溶けない、酸やアルカリなどに強い、化学的に安定しているから安全」と主張してきましたが、それらはすべて根底から覆されています。

ところが、日本にはプラスチックに関するきちんとした法的規制がありません。食品衛生法によって、つぎの2つに使われる添加剤が規制されているだけ。そのほかは、野放しなのです。

①食品が直接接する食品用プラスチック容器包装・器具(1947年制定、2001年一部改正)

②乳幼児が口に入れる可能性があるおもちゃ(1972年制定、2001年一部改正)

しかも、半世紀以上も前に制定されたこの法律では、電子レンジでチンしたり、レトルト食品が当たり前の現代には対応できません。対象とするプラスチックの種類や試験項目も少なく、環境ホルモンなどについてもほとんど考慮されていません。

では、海外ではどうなっているでしょうか。食品関係に使われるプラスチックについては、規制が進んでいます。

たとえばアメリカでは、FDA(食品医薬品局)がモノマーと添加剤を規制し、抗菌剤の使用はプラスチックには認められていません。なお、日本の業界団体であるポリオレフィン等衛生協議会も、抗菌剤の使用は不必要としています。にもかかわらず、消費者の清潔志向というニーズに応えるための抗菌グッズの氾濫でこども用のコップや箸箱などにも使われているので、注意が必要です。

また、ヨーロッパ(EU＝欧州連合)では、モノマー、その他の重合開始剤(重合時の最初の原料となるもの)、添加剤を規制。2000年に、約50物質について規制値を定めたリストを作成しました。しかし、リストの完成にはまだかなりの年数がかかるようです。

すべてのプラスチックはブラックボックス

厚生労働省はこれまで、食品のプラスチック容器や包装、食品用プラスチック製品の添加剤にどんな化学物質が使われているのか、把握してきませんでした。ようやく調査を行ったのは98〜99年度です。食品用プラスチックという限定された範囲ですが、調査結果はプラスチックと業界の実態を知るうえで、注目すべきものです。

この調査は食品用化学物質の全品目を対象とし、樹脂メーカーと加工メーカーにアンケートを行いました。しかし、企業秘密の前に目的は達成できなかったのです。調査結果の報告書には、添加される化学物質名や量の記載はなく、添加されている化学物質の総数しか記載されていません(全生産量の75〜80%は把握)。一例をあげましょう。

ペットボトル＝樹脂メーカー13、加工メーカー23、合計36。

ポリ塩化ビニル＝樹脂メーカー79、加工メーカー96、合計175。

ポリエチレン＝樹脂メーカー80、加工メーカー98、合計178。

プラスチックのなかでは比較的安全といわれるポリエチレンでさえ、178もの化学物質が使われているのですから、本当に驚きです。しかも、これは添加剤だけの数です。このほかにも、安定剤や着色剤として鉛やカドミウムなどの重金属類が加わります。

プラスチックをすべて否定するつもりはありませんが、せめて棲み分け(使い分け)が必要です。

それにしても、何が使われているかという情報さえ「企業秘密」を楯に強固に隠蔽されているのは、腹立たしいかぎり。ブラックボックスの鍵は、さすがの、というより業界に対しては超弱腰の国にも開けられなかったのです。「一に業界、二に業界、三・四がなくて五に国民」という厚生労働省の旧態依然とした姿勢では、国民の命や健康を守れるとは思えません。

〈コラム〉化学物質問題市民研究会の活動

市民の立場から研究・運動

化学物質問題市民研究会は1997年、次々につくり出される化学物質について、市民の立場から総体的にとらえて研究し、運動ともつなげていきたいという思いから、発足しました。おもな活動は、会報『ピコ通信』(月1回)やホームページによる情報発信、市民向け連続講座の開催や本の発行、化学物質政策に対する意見提出などです。

そうしたなかで、化学物質による健康被害を受け、化学物質過敏症を発症した患者の方々と出会い、その支援も始めました。いまアレルギーのこどもたちが激増し、化学物質過敏症を発症するこどもや若者も増えています。いったん発症すると、ふつうの社会生活は困難です。本人も家族も、大変な苦労を強いられています。

有害化学物質を減らすために

化学物質過敏症は、個人個人がもっている化学物質に耐え得る容量(カップ)がいっぱいになったときに発症するといわれています。したがって、カップにたまる量をできるだけ減らしておかなくてはなりません。そういう意味で、おもちゃをはじめとする身のまわりの製品から有害化学物質を取り込む量をできるだけ少なくしておくことは、重要な予防策です。

しかし、個人の努力には限度があります。こどもたちの身のまわりから有害化学物質を少なくするための政策が必要です。そこで、「子ども環境健康法」を制定し、自治体が対策を取るように働きかけています。詳しくはウェブサイト(http://www.ne.jp/asahi/kagaku/pico/)をごらんください。

＜連絡先＞
〒136-0071　東京都江東区亀戸7-10-1 Zビル4階
電話・FAX 03-5836-4358
syasuma@tc4.so-net.ne.jp

CHAPTER 3

プラスチック製おもちゃは怖い！

1
私自身の超強烈な体験

猛烈な黒煙と臭いに避難

3番目のこどもが1歳半のとき、おやつに焼イモでもと、オーブントースターのスイッチを回しました。こどもがいたずらして、中にABS樹脂製のおもちゃのブロックを入れていたとは知らずに……。

気がついたときは、鼻を押さえずにはいられないほど。台所全体にいままで嗅いだこともない異臭と、吸い込んだら恐ろしそうな黒煙が充満しているのです。あわてて、こどもを連れて外へ避難しました。

トースターの中をきれいに掃除しても、ずいぶん長いあいだプラスチック独特の臭いがこびりつき、気持ち悪くて使えません。こどもの手にすっぽり収まってしまう小さなおもちゃが一瞬のうちに恐ろしい化け物と化した、このハプニング。プラスチックを焼くとどうなるか思い知らされた、忘れられない超強烈な体験です。

「いったい、このおもちゃには何が使われてるんだろう?」

「あの煙や臭いの正体は?」

村田徳治氏にお聞きすると、蒸し焼き状態のおもちゃから発生していた可能性がある化学物質は以下のとおりでした。

①シアン化水素=青酸(ガス)……ポリアクリロニトリル、アクリル酸樹脂、さまざまな有機合成原料、蛍光塗料、農薬、殺鼠剤、冶金などに使われる。無色の液体で猛毒。

②アミン……農薬やプラスチックの改質剤などに使われる。有毒(毒物及び劇物取締法の毒物)。

③スチレンモノマー……スチレンの原材料。発ガン性IARCグループ2B。環境ホルモンの疑い。

④多種のニトリル(青酸化合物)

⑤一酸化炭素……無色・無臭のガスで猛毒。体内の酸素供給能力を妨げることで中毒症状を起こす。

⑥低分子化した炭化水素

火事の場合は、①〜⑥のガスで死ぬ場合もあります。

なぜ青酸ガスが発生するのか

それにしても、猛毒で、一定量を吸い込んだり皮膚から吸収すると頭痛、吐き気、失神、呼吸困難、けいれんなどを起こし、即死することもある恐ろしいシアン化水素＝青酸(ガス)が、なぜ出てくるのでしょうか？　できあがった製品しか見ていない私たち消費者には想像もつかない、プラスチックの“魔の一面”をのぞいてみましょう。

冷蔵庫、ポット、ジャーなどの電気製品や日用品にも使われるABS樹脂は、アクリロニトリル(A)、ブタジエン(B)、スチレン(S)を重合させてつくります(45ページ表8参照)。それぞれの頭文字をとってABS。その化学式は、アクリロニトリル$CH_2=CH\text{-}CN$、ブタジエン$CH_2=CH\text{-}CH=CH_2$、スチレン(モノマー)$C_6H_5CH=CH_2$です。

青酸ガスが発生するのは、アクリロニトリルにシアン(青酸)基＝CNがあるから。つまり、ABSには猛毒のシアンそのものが入っているのです。また、そのほかの有毒物質が出るのは、ポリマーの構造(とくに元素の組成)と添加物に加えて、不完全燃焼という条件によります。

ちなみに、日本ABS樹脂工業会は「ABS樹脂を燃しても、青酸ガスと一酸化炭素以外に出てくるものはない」と主張しています。以下はその職員と私とのやりとりです。

「シアンは羊毛、生糸、絹など窒素を含む動物系繊維を燃やしても微量出ます。ABS樹脂より羊毛のほうが多量に出ているというデータもあります」

「では、データを送ってください」

「データというほどのものではない。羊毛などには窒素(N)が入っているから、燃えると空気中の水素(H)や炭素(C)といっしょになって、シアン(CN)が出てくるのです」

実際には、村田氏によると、羊毛はポリアミド結合でナイロンに近く、シアンは入っておらず、ABSはシアン化結合でシアンそのものが入っているとのこと。だから、羊毛のほうが多量にシアンガスが出るというのはおかしいのでは？　ニトリル(別のシアン化合物)や他の分解物を分析していないのではないでしょうか。なお、構成元素に窒素をもつメラミン樹脂やユリア樹脂などからも、燃えると青酸ガスが出ます。

2
おもちゃに使われているプラスチック

なぜ古いデータしかないのか

国内でつくられるおもちゃにはどんなプラスチックが使われているのかを調べたところ、1993年度の統計が最新で、それ以降はありません。なぜないのか、日本プラスチック玩具工業協同組合に聞いてみました。

「おもちゃの海外生産が増加しており、メーカーにアンケートを出しても答えようがないらしいのです。それで、統計をとることができなくなってしまいました。国内で統計をとる必要や意味が少なくなっているとも言えるでしょう」

表4　おもちゃに使われているプラスチックの割合

種　　類	使用量比率
ポリスチレン	50.7%
塩化ビニル	22.0%
ポリプロピレン	16.9%
ポリエチレン	6.4%
ポリアミド系	1.5%
メラミン	1.3%
ポリカーボネート	0.6%
メタクリル	0.3%
その他	0.3%

（出典）日本プラスチック玩具工業協同組合の1993年度事業報告。

産業の空洞化現象が、おもちゃ産業にはいち早く80年代からはっきり現れているのです。いま日本市場に出回っているおもちゃの90%以上は、中国や東南アジアの工場で生産されています。大手メーカーほど国内に工場を持たず、国内で製造しているのは中小・零細企業がほとんどのようです。

表4に93年度の使用量比率を示しました。その後、もっとも問題の多い塩化ビニル（塩ビ、PVC）は減少傾向のようですが、輸入品の急増によって全体の動向をはっきりとは把握できないそうです。ただ、「現在も、使われているプラスチック材質にさほどの変化はないのではないか」とのことでした。以下、塩ビから順に説明していきましょう。なお、表4では、ABS樹脂もポリスチレンに含まれています。

いますぐ使用をやめるべき塩ビ

塩ビは、人体や環境への影響の大きさからみて、すぐに使用をやめなければならないプラスチックです。

塩ビもやめられない社会。こどもの未来は？

塩ビモノマーは発ガン性があり(IARC グループ 3)、肝機能障害や血小板減少症などの、いわゆる塩化ビニル病を引き起こします。

ところが、実際には、ほとんどの軟らかいプラスチックおもちゃには塩ビが使われています。たとえば、人形、お風呂用おもちゃ、ビーチ用おもちゃ、ビニールプール、ボール、ベビー用品などです。

なぜ、おもちゃに塩ビを使うのかを、日本玩具協会の資料「玩具に使用される塩化ビニル樹脂等について」から引用してみます。

「塩ビは、子供用おもちゃ材料として重要な役割を果たしている。塩ビがおもちゃの材料として好適である理由は、以下である。

- 強度があり、耐久性に優れている。
- 毒性はない。
- 製品のライフサイクルを通じて、多くの用途で他の材料よりもエコバランスに優れた材料である。
- 塩ビは、生産に際してエネルギー消費量が少ないため、他の材料よりも環境面で好ましい。
- 性質を柔軟に変えることができ、おもちゃに応じてぴったり合う性能を出せる。
  - 良好な性質を持ちながらも、経済性に優れる。
  - 加工性が良く、新しいおもちゃの生産にも容易に対応できる」

添加する可塑剤の量によって、塩ビは３つに分けられます。このうち、おもちゃに使われるのは軟質塩化ビニルです。

表5　塩ビの添加剤と毒性

素材	添　加　剤	毒　　性	備　考
可塑剤	フタル酸エステル類(8〜30種) フタル酸ジエチルヘキシル(DEHP) フタル酸ジイソノニル(DINP) フタル酸ジブチル(DBP) フタル酸ジエチル(DEP) フタル酸ブチルベンジル(BBP)	生殖毒性、発生毒性(催奇形性)、肝臓・腎臓障害、環境ホルモンの疑い、発ガン性(IARC グループ3)	
可塑剤	アジピン酸エステル類 アジピン酸ジエチルヘキシル(DEHA) アジピン酸ジイソノニル(DINA)	発ガン性、環境ホルモンの疑い	フタル酸の代替品
可塑剤	クエン酸アセチルトリブチル(ATBC)	環境ホルモンの疑い	フタル酸の代替品
可塑剤	トリメリット酸(TOTM)	不明	フタル酸の代替品
可塑剤	トリメチル酸(TMPD)	不明	フタル酸の代替品
可塑剤	リン酸トリスイソプロピルフェノール	成形時の熱で分解してフェノール(石炭酸)が溶出	
安定剤(酸化防止剤)	ビスフェノールA	変異原性、(魚類で)環境ホルモン作用	
安定剤(酸化防止剤)	ノニルフェノール	(魚類で)環境ホルモン作用	
安定剤(酸化防止剤)	重金属類 鉛	神経毒性、腎臓障害、環境ホルモンの疑い	食品関係には使用禁止
安定剤(酸化防止剤)	カドミウム	発ガン性(IARC グループ1)、環境ホルモンの疑い	食品関係には使用禁止
安定剤(酸化防止剤)	有機スズ	(哺乳類の)免疫系・胎児への影響	

①可塑剤 10% 未満＝硬質塩化ビニル

②可塑剤 10% 以上 30% 未満＝半硬質塩化ビニル

③可塑剤 30% 以上 50% 未満＝軟質塩化ビニル(実際には 60% 程度まで含んでいるものもあるようだ)

塩ビは、エチレンと塩素を原料として製造される塩ビモノマーを重合してつくります。そして、他のプラスチックと比べて多種多量の添加剤や重金属を含んでいます(**表5**)。しかも、これらは素材にしっかりと結合しているわけではないため、溶け出してくる可能性が大きいのです。いわば、スポンジに水を含ませたような状態といえるでしょう。

そして、製造・廃棄・焼却すべての段階で、ダイオキシンなどの有害物質を放出します。つくる人に大きなリスクがあるものは、それを使う人(おもちゃなら、赤ちゃんやこども)や環境にも大きなリスクがあることを、肝に銘じましょう！　事実をよく知れば、塩ビのおもちゃなんて、こどもに与えられるものではありません。

とくに問題なのは、可塑剤のフタル酸エステル類と安定剤や着色剤の重金属類です。

可塑剤のフタル酸エステル類が溶け出る

可塑剤は無色透明の液体で、塩ビを軟らかくしたり加工しやすくするために使います。塩ビは、常温では硬いプラスチック。加熱して分子と分子の間隔が広がったところへ可塑剤の分子を入り込ませると、塩ビ分子の接近が妨げられ、常温に戻ってからも、柔軟性を保持できるのです。北海道のような寒冷地では温度が低いために硬くなりやすいので、水道ホースなどに本州よりも多量の可塑剤が入れられています。

厚生労働省が軟質塩ビ製おもちゃを調べたところ、98年には100%から、01年にも62%から、フタル酸エステル類が検出されました。その含有割合は平均で30%程度と、相当な比率です(表6)。

塩ビに使われている可塑剤の約8割は、生殖毒性や催奇形性があり、環境ホルモンの疑いもあるフタル酸エステル類。EUは、フタル酸エステル類のうち6種類の使用を2004年11月、EU委員会決議によって以下のように禁止しました。

①こども用の製品すべて

フタル酸ジエチルヘキシル(DEHP)、フタル酸ジブチル(DBP)、フタル酸ブチルベンジル(BBP、日本では生産していない)

②おもちゃと3歳以下の幼児が口に入れて吸ったりしゃぶる製品

フタル酸ジイソノニル(DINP)、

表6　軟質塩ビ製おもちゃに含まれるフタル酸エステル類など

	検出率(%)		含有割合(%)	
	98年	01年	98年	01年
フタル酸エステル類	100	62	14～59	22～40(31)
フタル酸ジイソノニル	83	54	1.5～59(31)	0.6～39.6(29)
フタル酸ジエチルヘキシル	26	32	3.3～38(21)	0.5～38.7(27)
その他の可塑剤	—	61	—	0.1～32.5(14)

(注) 検体数は98年=58、01年=28、(　)内は平均である。
(出典) 厚生労働省薬事・食品衛生審議会資料、2001年7月27日。

フタル酸ジイソデシル(DIDP)、フタル酸ジオクチル(DNOP)

理由は①が生殖毒性、②は肝臓障害(肝毒性)です。

これに対して日本は、6歳未満のこどものおもちゃに、フタル酸ジエチルヘキシル(DEHP)とフタル酸ジイソノニル(DINP)を禁止しているにすぎません。

70年代からフタル酸エステル類を研究している片瀬隆雄・日本大学教授は、こう述べています。

「フタル酸エステル類は、環境中で微生物によって分解されやすい。それなのに、環境中に存在するのは絶えず供給されているからである。おそらく、人間が食べ物全体から取り込む量は、ダイオキシンやノニルフェノールより多いのではないか。フタル酸ジエチルヘキシル(DEHP)の摂取量は、生後6カ月〜4歳までがもっとも多い」

国立環境研究所によると、フタル酸エステル類は、ppb(10億分の1)〜ppt(1兆分の1)のレベルで多くの飲み水から検出されています。しかし、水道法上、測定・公表する義務はありません。単なる監視項目でしかないのです。

フタル酸エステル類の代替品も問題

フタル酸エステル類の代替品として可塑剤に使用されているアジピン酸エステル類、クエン酸アセチルトリブチル(ATBC)、トリメリット酸(トリスジエチルヘキシル=TOTM)も、安全性が未確認という理由で、EUでは推奨していません。事実、これらの毒性はほとんど調べられていないのです。厚生労働省の01年の科学研究論文でも「切替が進んだTOTMやTMPDの毒性に関する情報を調べる必要がある」と指摘しています。

日本トイザらスでは現在、塩ビ製おもちゃの6〜7割にクエン酸系が使われているそうです。

また、リン酸トリスイソプロピルフェノールからはフェノールが溶け出します。フェノールは発ガン性があり(IARCグループ3)、劇物(毒物及び劇物取締法)です。

なお、可塑剤の用途は塩ビだけではありません。少量とはいえ、塩ビ以外のプラスチック、コピー機のトナー(炭素を粉末にした顔料)、接着剤、塗料、ゴム製品などにも含まれています。

以前はタッパーウエアにもフタル酸エステル類を含む可塑剤が使われていました(環境ホルモンの問題が明らかになってから、ステアリン酸系に切り替わりました)。カップ麺容器(ポリスチレン製)からも高濃度でフタル酸ジエチルヘキシル(DEHP)が検出されたことがあります。滑剤(22ページ参照)としてパーセント(100

分の1)のレベルで使われていました。

安定剤の毒性は永遠に不滅

塩ビの安定剤に使われるのは、重金属類の鉛・カドミウム・有機スズ。とくに、6割に鉛が使われています。

鉛の危険性・有毒性は昔から知られていますが、その有用性から、単独でも添加剤としても広く使われてきました。一例をあげると、塗料・クリスタルガラス(酸化鉛として50%も混入)・陶器・釣り鐘・油絵の具のジンクホワイトなどです。かつてはお白粉にも使われていましたが、鉛の毒で歌舞伎役者などが死んだため使用を止めました。

「鉛やカドミウムを含む安定剤は、国内で生産されるおもちゃには使われていない」というのが塩ビ工業・環境協会の公式発表です。しかし、日本玩具協会では、取材に対して「使ってはいる。問題になるほどのレベルで溶出はしていないということだ」と答えました。事実、安定剤や顔料の一部に使われていることが確認されています。

鉛・カドミウム・有機スズは重金属類。元素なので、永遠に不滅で、化合物のようにいつかは分解するものではありません。その強い毒性も永遠に不滅で、問題は深刻です。

こどもを考慮していないフタル酸エステル類の「耐容一日摂取量」

化学物質の安全性についての議論で、「耐容一日摂取量(TDI)」という言葉をよく耳にします。これは、ヒトが生涯にわたって摂取しても健康への影響が現れないといわれる量を定めたものですが、言い換えれば「これぐらいは我慢しなさい」という量なのです。

フタル酸エステル類については、表7のように定められています。たとえば、5 mg/kg/日は、1日に体重1kgあたり5mgまで摂取しても影響が現れないという意味です。では、これは妥当な値なのでしょうか。

表7　各国のフタル酸エステル類の耐容一日摂取量

デンマーク	5 mg/kg／日
EU	37 mg/kg／日
日本	40～140 mg/kg／日
アメリカ	140 mg/kg／日

実は、現在の毒性評価方法(算出方法)には大きな問題があります。TDIは体重50 kgのおとなを基準につくられているからです。こどもとおとなでは、体の大きさも化学物質に対する感受性も、まったく異なります。しかも、毒性評価の科学的根拠は、おとなのネズミを使った慢

性毒性実験によるもの。こどものネズミを使った実験は行われていません。

厚生労働省は、こう主張します。

「TDI の設定にあたっては安全係数を十分に見込んでいる。したがって、種差、個人差、さらにこどもの感受性に対する安全域は確保されている」

安全係数は、動物実験にもとづいて毒性が現れない量(無毒性量)に、種差(動物と人間の感受性の違い)と個人差(性別、年齢、健康状態など)による安全性を考慮した数値。無毒性量の 100 分の 1〜1000 分の 1 とします。しかし、明確な根拠があるわけではありません。また、安全域は、安全とされる範囲をいいます。

こどもの感受性を考慮するためには、生まれて間もない動物を使った十分な毒性データが必要なはずですが、そうした実験は行われていません。いまの実験方法では、こどもの安全性は確保されていないということです。

こんな曖昧な根拠で、こどもを守れるのでしょうか？　おとなの基準は、あくまでもおとなにあてはまるものでしかありません。こどもには、レッキとしたこども基準が必要です。厚労省には「まず、守らなくてはいけないのはこどもだ」という考え方が欠落しています。

動物実験の結果はヒトにもあてはまる(?)

ドイツでは、フタル酸エステル類の環境ホルモン作用をダイオキシンと同程度に重視していました(EU の機能拡大後さまざまな面で後退している)。つまり、非常に危険性が高い化学物質と認識しているのです。表 7 における日本の数値は、2000 年に厚生省(当時)が可塑剤としてフタル酸ジエチルヘキシル(DEHP)を含有する塩ビ製手袋の食品への使用自粛通達を各自治体・関係団体などに出した際に、設定されました。

厚生省が耐容一日摂取量を設定する際、動物実験の結果がヒトにも適用できるかどうかが焦点になりました。これは、フタル酸エステル類に限らず、環境ホルモンや化学物質すべてに共通する重要なポイントです。アメリカ・ミズーリ大学のフレデリック・ボンサール博士(生物学者。胎生期のホルモン量の変化が後々まで大きな影響を及ぼすことを、ネズミを使った実験で明らかにした)は、こう述べています。

「環境ホルモンの影響をもっとも受けやすい胎生期初期の脊椎動物は、魚類・は虫類・鳥類・哺乳類を問わず、みな同じ形をしている」

これは、動物実験の結果はヒトにもあてはまるということを意味しているのではないでしょうか。

表8　ABS 樹脂の素材と毒性

	物　質　名	毒　　性
素材（モノマー）	A（アクリロニトクル）	発ガン性（IARC グループ 2 A） 変異原性（厚生労働省） 高濃度の場合、死に至ることがある
	B（ブタジエン）	発ガン性（IARC グループ 2 A）
	S（スチレン）	発ガン性（IARC グループ 2 B） 環境ホルモンの疑い（海外の文献）
不純物	トルエン	発ガン性（IARC グループ 3）
	エチルベンゼン プロピルベンゼン イソプロピルベンゼン	発ガン性（IARC グループ 1）
未反応物	スチレンダイマー スチレントリマー	環境ホルモンの疑い

なお、よく似たものに一日摂取許容量（ADI）があり、つぎのように定義の違いがあります。

TDI＝ダイオキシンのように非意図的な発生物であり、ゼロが望ましいものに使う。

ADI＝食品添加物など、どうしても生活に必要なものに対して使う。

もっとも、食品添加物が「どうしても生活に必要なもの」とは思えませんが……。

発ガン性や蓄積性など問題が多いスチレン系

スチレン（S）系は、おもちゃにもっとも多く使われているプラスチックです。36 ページで紹介した ABS 樹脂のほか、ポリスチレン（PS 樹脂）、AS 樹脂（アクリロニトリル・スチレン共重合樹脂）、BS 樹脂（ブタジエン・スチレン共重合樹脂）などがあります。これらは ABS 樹脂とモノマーの組み合わせが違うだけで、つぎのような問題点は共通です（ABS 樹脂については表 8 参照）。

①ダイオキシンや PCB などと同じベンゼン核をもっている。これはもともと人間の体内にないので、いったん取り込むと分解できず、蓄積されてしまう。

②素材（モノマー）のアクリロニトリル・ブタジエン・スチレンはいずれも発ガン性があり（IARC グループ 2 A、2 B）、アクリロニトリルは変異原性などもある。また、スチレンの原料であるベンゼンは強い発ガン性をもつ（IARC グループ 1）。

③トルエンやベンゼン類の化合物は非重合性のため、重合時に不純物として材質中に残留する。これらも発ガン物質である（IARC グループ 1、3）。

④スチレン分子が2個つながったスチレンダイマーや3個つながったスチレントリマーは、環境ホルモンの疑いがある。

おもちゃのほかに、食品容器、弁当箱、保冷箱、肉や魚のトレーなど食品関係にもたくさん使われています。

ポリカーボネートとホスゲン

ポリカーボネート(PC)の原材料はビスフェノールA。魚類(メダカ)で環境ホルモン作用が確認され、変異原性もある物質です。

副材料として使われているのは、ビスフェノールAを重合させやすくするためのホスゲン。このホスゲンは毒ガス兵器として使われるほど毒性が強く、吸入すると呼吸器系統を刺激し、微量でも肺障害を起こします。

製造メーカーに問い合わせたところ、「ホスゲンが材質中に残留することはない」という返答。この担当者は誠実に対応し、製造工程表をもとに納得いく説明をしてくれました。しかし、仮に材質中には残らないとしても、毒性が強い物質を原料や副材料に「使ってもよい」ことにはなりません。危険な物質を使うこと自体の問題があるからです。

ポリカーボネートは食器類にもいまだに使われています。「人を殺せるほど危険な物質を介して製造されるプラスチック」なんて、ゾッとしませんか?

有害物質と無縁ではないポリエチレンなど

ポリプロピレン(PP)とポリエチレン(PE)は、一般にもっとも安全なプラスチックといわれています。ポリエチレンの原料は、エチレンと少量の他のオレフィン系です。

とはいえ、高密度ポリエチレンは、製法によっては触媒に酸化アルミニウムと四塩化チタンを重合させたものが使われているので、塩素と無縁ではありません。さまざまなごみといっしょに焼却すれば、ダイオキシンを発生させる可能性があります。また、エチレンの発ガン性はICRAグループ3です。

ポリアミド(別名ナイロン)の発ガン性はIARCグループ3ですが、原料のカプロラクタムはIARCが唯一グループ4(おそらく発ガン性がない)にリストアップしている物質です。しかし、製造工場からダイオキシンが排出されていたことがあります。

このように、プラスチックそのものには問題があまりなくても、原料、製造、焼却レベルまでさかのぼれば、有害物質と無縁というわけにはいきません。

表9　その他のプラスチック

種　類	おもな原料・添加剤	毒　　性
メラミン樹脂	メラミン(モノマー)	発ガン性(IARC グループ3)
	ホルマリン(ホルムアルデヒドの水溶液)	劇物・劇薬、発ガン性(IARC グループ1)
ポリメチルメタクリレート別名(メタクリル樹脂)	可塑剤フタル酸ジエチル(DEP)、フタル酸ジブチル(DBP)など	生殖毒性、催奇形性、肝臓・腎臓への影響、環境ホルモンの疑い、発ガン性(IARC グループ3)
エポキシ樹脂(EP)	ビスフェノールA	魚類で環境ホルモン作用
	エピクロロヒドリン	発ガン性(IARC 2A)、変異原性(厚生労働省)
ポリプロピレン(PP)	プロピレンガス	発ガン性(IARC 3)
	可塑剤フタル酸ジエチルヘキシル(DEHP)、フタル酸ブチルベンジル(BBP)	生殖毒性、催奇形性、環境ホルモンの疑い
ユリア樹脂	ホルムアルデヒド(アルデヒド類)	劇物・劇薬、発ガン性(IARC グループ1)
POM樹脂(別名：ポリアセタール、ポリホルムアルデヒド)	ホルムアルデヒド	劇物・劇薬、発ガン性(IARC グループ1)
EVA樹脂(エチレン・酢酸ビニル共重合体)	酢酸ビニルモノマー	発ガン性(IARC グループ3)
	過酸化ベンゾイルなど	発ガン性(IARC グループ3)、加熱すると分解してジフェニルが生じ有毒
フェノール樹脂(別名：ベークライト)	フェノール(原料：ベンゼン、キュメン、トルエン)	腐食性があり有毒、発ガン性(IARC グループ3)、細胞壊死、大脳浮腫(水がたまり、むくむ)、肝臓・腎臓障害
	ホルムアルデヒド	劇物・劇薬、発ガン性(IARC グループ1)

(注) 劇物は、毒物及び劇物取締法の劇物を意味する。

その他のプラスチック

おもちゃに使われるプラスチックには、まだまだたくさんの種類があります。それらを表9に整理しました。

エポキシ樹脂(EP)のおもな原料はビスフェノールAとエピクロロヒドリンで、塗料の分野で幅広く利用されてきました。

ポリプロピレン(PP)の触媒として使われる塩化チタンは、チタンスラッグなどの原料を塩素ガスと反応させてつくります。塩素は発ガン性があり、塩素ガスを多量に吸入すると肺水腫(肺に水がたまり、呼吸が困難になる)を起こして死亡する、危険な物質です。ダイオキシンの発生源ともなります。また、塩化チタンを調合するときに可塑剤としてフタル酸エステル類が一部に使われています。

おもちゃの宿命的問題

おもちゃに使われる塩ビは、塩ビ全体の使用量の約1% といわれています。その他のおもちゃ用のプラスチック原料も、プラスチック全体の使用量からすればごくわずかな量にすぎません。

したがって、おもちゃ用のプラスチック原材料は、一般的な取引量の最低ロットに達しないのです。だから、おもちゃメーカーは製造元の大手企業から直接仕入れはせず、小口取引専用のおもちゃ材料問屋から、こうした問屋がブレンドした原材料を仕入れているようです。

おもちゃ材料問屋は、製造時点から何段階か経た末端の仕入れ問屋から材料を調達。その際、密閉された状態にあるものを買ってはいないようです。おそらく、いったん開封された状態(使い残し)の、本来なら商品として通用しないものが安く手に入るのでしょう。おもちゃ材料問屋はそれらを買い付け、ブレンドして、おもちゃ製造メーカーへ売るのだと思われます。

そうした原材料は、管理が必ずしも行き届いているわけではありません。ずさんに近い保管状態も、少なからずあるようです。

そのため、意図しない化学物質に汚染(コンタミネーションという)された原材料をおもちゃ材料問屋が仕入れているかもしれません。仕入れ問屋はさまざまな化学物質を扱うために、保管用の倉庫内の空気が、いわば複合汚染されているからです。材料問屋の倉庫でも、同様のことが起きているのかもしれません。

この問題については、日本玩具協会も追跡していないので、はっきりしたことはわかりません。こどものおもちゃの安全性を本気で確保しようとする姿勢が国にあるのなら、まずは現場に出向いて、こうした実態を把握するところから始めてほしいですね。

いずれにせよ、PRTR も MSDS(49ページ参照)もこの業界にとっては、別次元のようです。日本国内でさえこのような状態なのですから、世界中から安い材料が集まってくる香港の状況は……?　とても気になります。

〈コラム〉

化学物質の排出と移動を追跡するシステム

PRTR 制度と MSDS 制度

99 年 7 月に制定された「化学物質排出把握管理促進法」は、事業者による化学物質の自主的な管理の改善を促進し、環境保全上の支障を未然に防ぐことを目的とした法律です。正式名称は、「特定化学物質の環境への排出量の把握等及び管理の改善の促進に関する法律」。その柱となるのが、PRTR 制度（Pollutant Release and Transfer Register）と MSDS 制度（Material Safety Data Sheet）です。

PRTR 制度は、事業者が対象となる化学物質を排出・移動した際に、その量を把握し、国に届け出るとともに、国がそれを集計し、公表する制度です。対象となる化学物質は、健康や生態系に有害なおそれがある第 1 種指定化学物質（354 物質）。事業者は、その活動にともなって環境中（大気・水・土壌）にどれくらい排出し、廃棄物にどれくらい含まれているかを把握して、届け出る義務があります。01 年 4 月から実施されました。

MSDS 制度は、対象となる化学物質やそれを含む製品を他の事業者に譲渡したり提供する際に、その化学物質の性質や取り扱いに関する情報（MSDS＝化学物質等安全データシート）の事前提供を義務づける制度です。事業者による化学物質の適切な管理の改善を促すために定められました。対象となる化学物質は、第 2 種指定化学物質（81 物質）とあわせて 435 物質。多くの国々で義務化され、日本で運用が始まったのは 01 年 1 月からです。

ワースト 3 はトルエン、キシレン、塩化メチレン

全国のデータは経済産業省の HP で知ることができます。自宅近くの工場など事業所ごとのデータが知りたい場合は、同省担当窓口へ出向き、情報開示請求の手続きが必要。認められれば、その場でデータが入った CD を渡してもらえます。

全国で排出量が多かったワースト 3 は、03〜05 年の発表（データは 01〜03 年）で、いずれもトルエン、キシレン、塩化メチレン（ジクロロメタン、洗浄・脱脂溶剤）の順でした。これに続くのが、マンガン及びその化合物、鉛及びその化合物です。

3
ミニカーよ、お前もか！

ミニカーの原材料

男の子が大好きなミニカーといえば、やはりあの金属の重量感が魅力。でも、よく見るとパーツにプラスチックがけっこう使われています。また、最近はプラスチックオンリーも多くなりました。いずれも、本体の材質、接着剤、塗料にも大きな問題があります。メーカーによっていろいろなので、代表的なメーカー別に調べてみました。

(1)トミー(ミニカーは通称トミカ)

①本体の材質

限定復刻版は亜鉛ダイキャスト(亜鉛と他の金属との合金)。亜鉛と何を組み合わせるか、合金金属が何種類かは、配合ノウハウも含めて企業秘密。その他の製品は「亜鉛の公害問題があるため」97年ごろからスチレン系のABS樹脂かポリスチレン(PS)樹脂に切り替えた。それらの問題点は37・45ページ参照。

②接着剤

使用していない。窓(風防)とシートの部品をセットして、ボディに組み込み、底面(シャーシ)を固定する。これを焼き止めと呼ぶ。

③塗料

おもにアミノアルキド樹脂塗料。メラミン樹脂(原料に発ガン性あり)を主としたアルキド樹脂との混合物で、焼き付けタイプの合成樹脂塗料としてはもっとも多く使われる。中国の塗料メーカーで、日本玩具協会のST基準(第4章2参照)に合うものをつくっている(輸入品の数%を、同協会関連団体である日本文化用品安全試験所で検査する)。

(2)エポック社(MテックM4シリーズ＝16歳以上のコレクター向け)

①本体の材質

亜鉛ダイキャスト、ABS樹脂、その他のプラスチック。窓に%レベルで塩ビを使用(塩ビなしでは金型がつくれないため)。

②塗料

企業秘密(ST基準内で人体に無害なもの)。

③接着剤

幼児用のMテックには不使用。他のシリーズも基本的には使わない方向で検討しており、使用する際は安全性を確認している。ただし、何を使うかは企業秘密。

(3)セガ・エンタープライズ

①本体の材質

ABS樹脂。

②塗料

企業秘密(ST基準内で人体に無害なもの)。

③接着剤

企業秘密。

(4)アガツマ(ダイヤペットシリーズ、定番22種)

①本体の材質

アルミダイキャスト。窓と椅子にABS樹脂かポリスチレンを使用。底面もアルミダイキャスト。

原料が問題だらけの接着剤と塗料

ミニカーの接着剤と塗料には大量の化学物質が使われています。これは、他の多くのおもちゃに共通する問題点です。

(1)接着剤

接着剤は、プラスチックが固まる前のドロドロした状態のもの。おもに5種類が使われています。

①エポキシ系

金属などに使用。原料のひとつビスフェノールAは魚類で環境ホルモン作用が確認され、変異原性もある。硬化剤のポリアミンは、皮膚毒性がある。

②スチレン系

異なった原材料を接着させるために使用。スチレンモノマーや可塑剤などの問題がある。

③ニトリルゴム系

ゴムをシンナーに溶かしたようなもので、軟質塩ビに使用。

④シーリング剤(シーラント、シーラー)

変性シリコーンが主成分。シリコーンはケイ素と酸素からできたポリマー。シリコーン分100%のポリマーとしてだけでなく、使用目的に応じて溶剤・充填剤・架橋剤・乳化剤の複合物として製品化され、種類は300にもおよぶ。硬化触媒に有機スズ化合物を使用している。いまもっとも売れているシーリング剤は、セメダイン社の工業用セメダインスーパーX。

⑤シアノアクリレート系(瞬間接着剤)

ポリプロピレンとポリエチレンを除くほとんどのものを接着させる。空気中の水分で固まるタイプ。重合禁止剤・安定剤のほかに、増粘剤・可塑剤などが添加されることもある。大量に燃やすと有害ガスが発生する。

(2)塗料

塗料は、塗膜になる成分(固形分)とならない成分(揮発分)に分けられます。前者は主成分が樹脂(油類、天然樹脂、合成樹脂)で、顔料(塗料に色をつけたり、塗膜に厚みをもたせたり、特別の性質を加えるために使用)や添加剤(塗料や塗膜を安定させ、使いやすくするために使用)が加えられています。後者は、有機溶剤(石油系、トルエン、キシレンなど)や水です(「日本の塗料工業'98」日本塗料工業会、1998年)

日本塗料工業会によると、塗る前と作業中は有機溶剤の害があります。また、金属に高温で焼き付けるアミノアルキド樹脂塗料は、焼き付けスプレー時にホルムアルデヒドが発生するそうです。

なお、STマーク付きおもちゃには、60年代から無鉛塗料を使用しています。

また、中国の工場では接着剤や塗料による労働者の健康被害が深刻な問題です。たかが、ミニカーだけど、考えなくてはいけない問題はビッグなのです。

〈コラム〉

こんなにいっぱい、幼稚園・保育園の塩ビ製品

①園児の所持品

通園バッグ、上履の底面、上履入れ、名札、連絡帳・出席ノートなどのカバー類、レインコート・レインハット、サンダル、スリッパ、プールバッグ……

②教材・備品

おもちゃ(赤ちゃん用ソフトトイ、トランプ、人形類、ボール、お面、空気入ビニール類など)、縄飛びの縄、マーカー類の袋、クレヨン・クレパスのゲス(受け皿)、画材、お道具箱のグッズ、パイプ椅子、合板机の縁、プール関連用品(簡易プール、浮輪、腕輪、ビーチボールなど)、間仕切りボード、簀《す》の子、アコーディオンカーテン、ベンチ、ホース、テント、薬錠剤包装、ラップ、造花、洗剤などのボトル類、ロープ、ビニールクロス、シャワーカーテン……

③事務用品・文具類

定規類、下敷き、消しゴム、ボールペンの軸、手帳などのカバー類、ファスナー付き透明袋、カード類、粘着テープ、黒板消しの裏、デスクマット、フロッピー……

④建材

天井材、屋根材、サッシ窓枠、床材、壁紙、合板や集成材、クッションフロア、雨樋《あまどい》、看板、水道管、排水管、ガス・電気の地下配管……

⑤塩ビ製品以外で気をつけるもの

砂場の砂や粘土などの抗菌剤、ワックス、ニス類、塗料、殺虫剤、殺菌剤、防腐剤、白アリ駆除剤、防虫剤、防ダニ剤、消毒剤、除草剤、合成洗剤、接着剤、芳香剤、事務機器のオゾンや溶剤やアンモニアなどの化学物質、カーテンやじゅうたんなどの難燃剤や抗菌・抗カビ剤、合成ゴム製品、化学ぞうきん、アスベスト……

〈コラム〉

日本空気入りビニール製品工業組合の地道な努力

非塩ビ製試作への取り組み

「おもちゃの8割以上は、塩ビを使わなくてもできる」

日本玩具協会の元幹部の発言です。

どうしても塩ビでなければ製造できないものは、浮輪などの空気入りビニール製品だそうです。現場の生の声を聞けば、「浮輪は人の命にかかわるものだけに、塩ビの代替化には時間が必要」と納得できます。

私は日本空気入りビニール製品工業組合に何回か足を運び、塩ビ素材からの脱却の歩みを98年ごろから見守ってきました。「遠からず、材質の問題で危機に立つ」という認識も周辺にあり、同組合ではこの数年間、塩ビ以外のポリエチレンなどポリオレフィン系素材による代替品の試作に取り組んできました。

塩ビ以外の素材の課題は、①接着力の悪さ、②復元力のなさ（最初は強度があっても、しだいに伸び切ってきてしまう）、③印刷の支障の3つでした。このうち、印刷技術の向上によって③はクリア。そして、時間の経過とともに、非塩ビ素材へ転換できる希望が少しずつ出てきたようです。そうした新素材のひとつとして注目されているのが、医療用に使われているウレタンフォーム。ただし、熱に弱い、黄変する、高価などの問題が残るそうです。

また、「おもちゃの規格基準」の改正（第4章1参照）で、材料費と検査手数料がアップしました。検査手数料は、フタル酸1物質＝2万25000円×2、重金属類は4万円。検査は材料シートごとに必要とのこと。

さらに、中国の経済発展で石油使用量が増加したことなどによる原油価格の高騰もあって、経済的負担は相当に大変。こうした事情は即、製品価格にはね返ります。

それにしても、「これだけは塩ビを使わなければ製造できない」という空気入りビニール製品業界が転換への地道な努力を続けているのに、どうして他のおもちゃ類が塩ビの使用を止められないのでしょうか。値段の安さ（00年当時「卸値は1キロ100円。水より安い」と聞く）や作業時の扱いやすさなんて、安全性に比べれば理由になりません。

組合では01年4月から、すべての空気栓(ストッパー)は、こどもの口に触れるため、非フタル酸系塩ビ素材を使用しています。ただし、新素材といっても、フタル酸エステル類を使用した他の製品も同じ機械でつくるため汚染が残るし、工場内の空気汚染もあります。そこで、空気入りビニール製玩具に以下のような警告表示を行う方針を決定しました。

「乳幼児が口にふくまないようにご注意ください」

この表示は3歳未満が対象ですが、3〜6歳対象の商品に表示しても、さしつかえありません。

現場の苦労を知ろう

組合幹部のIさん、小柄でニコニコ、気さくで誠実な、現場一筋の人です。定年間近とか。私はポリオレフィン系素材の試作品を何点か実際に見て、「公表はしない」という約束で写真も撮らせていただきました。

でも、気持ちとしては、皆さんに試作品の写真を見てほしいと強く思います。それは、その外見や機能性のまずさに、そのまま現場の人たちの苦労がにじみ出ているからです。たとえば、印刷がうまくのっていないために花柄などの模様がはげ落ちてしまったり、使用後に空気を抜くと二度と元のようにふくらまなかったり……。

彼らの姿勢と努力はきちんと評価したい！ Iさんは途中で体調をくずして入院しました。それでもがんばるのは、「代替品の開発は自分の仕事、自分の責任」という思いがあるのかなと、勝手に想像しています。

ただ、「〜はケシカラン」ではなく、モノづくりの現場へ実際に足を運び、自分の目や耳でしっかりと確かめることが、とても大切。そして、そういう消費者を積極的にオープンに受け入れる柔軟な姿勢も、企業側には必要です。

私にとって、Iさんとの出会いは貴重でした。彼の心には、人間らしい暖かいものが流れています。こどもたちが安心して遊べる浮輪の実現を託したい。

4
乳幼児の乳首やおしゃぶりのシリコーンゴム

多種類の化学物質の固まり

赤ちゃんの必需品である乳首やおしゃぶりには、シリコーンゴムが使われています。その主原料は、ポリオルガノシロキサン(合成の生ゴム)。補強性充填《じゅうてん》剤、増量用充填剤、分散促進剤、多種の添加剤(耐熱向上剤、内部離型剤、顔料)などを配合したゴムパウンドに、ユーザーが加硫剤(天然・合成ゴムに硫黄を加え、加熱して性能を高める)を混ぜ、加熱して硬くするタイプが中心です。

シリコーンゴムは無味・無臭・無毒性といわれていますが、実際にはこのように多種類の化学物質の固まり。しかも、何を使っているかは企業秘密です。乳首やおしゃぶりは、赤ちゃんが長時間口の中へ入れるものだけに、とても気になります。また、化学物質評価研究機構は、つぎのようにコメントしています。

「シリコーンゴムと表示してあっても、分析してみないと表示のとおりかどうかはわかりません」

「シリコーンゴム」という材質表示も、どこまで信用できるかは疑問のようです。

天然ゴム製なら大丈夫なの？

乳首やおしゃぶりには、天然ゴム製もあります。これらの主原料は、たしかに天然ゴムです。でも、それだけでは製品にならないので、シリコーンゴムと同じく、多種類の化学薬品が使われています。

ゴムアレルギーの赤ちゃんもいるし、自分の指でもしゃぶっているのが一番かもしれませんね。

おしゃぶりにも多くの化学物質

CHAPTER 4

おもちゃの安全は確保されていない

1
おもちゃの規格基準の問題点

食品衛生法の一部を準用

現在の法律では、おもちゃの安全性について何らかの規定があるのは、乳幼児のおもちゃに関してだけです。食品衛生法第29条で、「乳幼児が接触することによりその健康を損なうおそれがあるものとして厚生労働大臣の指定するおもちゃについて」は同法の一部(第4条、6条、7条など)が準用され、「おもちゃの規格基準」が定められています(表10)。

これは、おもちゃに使用される物質が口から摂取される場合の規制です。対象年齢は、小学校就学前(6歳未満)までの乳幼児。対象となるおもちゃは、つぎの4種類に分けられています。

①紙、木、竹、ゴム、革、セルロイド、合成樹脂、金属または陶製のもので、乳幼児が口に接触することをその本質とするおもちゃ。

②ほおずき。

③うつし絵、折り紙、積み木。

④ゴム、合成樹脂または金属製の、以下のおもちゃ。起き上がり、お面、がらがら、電話玩具、動物玩具、人形、粘土、乗物玩具(ぜんまい式および電動式のものを除く)、風船、ブロック玩具、ボール、ままごと具。

表10を見ただけでは意味がよくわからないので、以下で説明していきましょう。

これは、指定されたおもちゃを40℃の水に30分間浸したときに有害な物質が溶け出さないかどうかを調べ、基準(規格)をクリアしたおもちゃの流通を認めるものです。

たとえば、うつし絵や折り紙では、重金属は1 ppm以下、ヒ素は0.1 ppm以下でなければなりません。「Pbとして、As_2O_3として」というのは、それぞれ「鉛のみ、三酸化ヒ素(亜ヒ酸)のみ」という意味です。つまり、重金属といっても、鉛しか規制していないのです。

塩化ビニル樹脂塗料では、カドミウムは0.5 ppm以下でなければなりません。また、$KMnO_4$は過マンガン酸カリウムのことで、不純物や酸化される有機物の総量を測定します。そして、蒸発残留物は、おもちゃから試験溶液に移行し、蒸発しない不純物や有機物のみを把握します。それぞれ50 ppm以下でなければなりません。ただし、蒸発残留物については、試験項目としてあまり意味がないという日本玩具協会の検査機関の意見もあり、是非を検討中です。

ゴム製おしゃぶりについては、「器具・容器包装規格で定められているゴム製ほ乳器具の基準と同じ」ということを意味しています。具体的には、以下の4点です。

①銅・鉛・カドミウム・亜鉛・フ

表10　おもちゃの規格基準一覧表

分類	おもちゃの種類	溶出試験			
		試験項目	浸出条件	浸出用液	規格
おもちゃ又はその原材料	うつし絵	重金属 ヒ素	40°、30分間	水	1 ppm以下(Pbとして) 0.1 ppm以下(As_2O_3として)
	折り紙	重金属 ヒ素	40°、30分間	水	1 ppm以下 (Pbとして) 0.1 ppm以下(As_2O_3として)
	ゴム製おしゃぶり	器具・容器包装規格中、ゴム製ほ乳器具の材質・溶出試験に同じ			
	塩化ビニル樹脂塗料	$KMnO_4$消費量 重金属 カドミウム 蒸発残留物 ヒ素	40°、30分間	水	50 ppm以下 1 ppm以下(Pbとして) 0.5 ppm以下 50 ppm以下 0.1 ppm以下(As_2O_3として)
	ポリ塩化ビニルを主体とする材料(塩化ビニル樹脂塗料を除く)	塩化ビニル樹脂塗料に同じ			
	フタル酸ビス(2—エチルヘキシル)又はフタル酸ジイソノニルを原材料として用いたポリ塩化ビニルを主成分とする合成樹脂				原材料として用いてはならない。
	ポリエチレンを主体とする材料	$KMnO_4$消費量 重金属 蒸発残留物 ヒ素	40°、30分間	水	10 ppm以下 1 ppm以下(Pbとして) 30 ppm以下 0.1 ppm以下(As_2O_3として)
製造基準					着色料:化学的合成品にあっては、食品衛生法施行規則別表第2掲載品目(ただし、2mℓ/1㎠の水で40°、10分間浸出するとき、着色料の溶出が認められない場合を除く)

(注)は省略した。

ェノール・ホルムアルデヒドが検出されてはならない。

②フタル酸ジエチルヘキシルを原材料として用いてはならない。

③重金属の総量は 1 ppm 以下。

④蒸発残留物は 40 ppm 以下。

フタル酸ビス(2−エチルヘキシル)はフタル酸ジエチルヘキシルと同じで、この規定は 2003 年 8 月から適用されました。

製造基準の対象となるのは原材料に含まれないもので、現在は着色料のみです。ここでいう着色料は、化学的合成品の場合、食品衛生法で指定している添加剤のリストに載っていることが条件です。ただし、着色料が溶け出さなければ、リストに載っていないものでも使えます。

なお、溶出試験の方法は、試験に使う試薬の有害性の問題に加えて、現在の化学水準に照らし合わせて試験法の精度を上げるため、改正案が出されています。

あまりに多い問題点

①対象年齢が 6 歳未満

家の中には 6 歳以上のこどものおもちゃもさまざまあり、いちいち分けるわけでも、選んで遊ぶわけでもない。対象年齢をこども期の最終年齢＝15 歳未満まで引き上げなければ、おもちゃ全般をカバーできない。

6 歳未満に限定しているのは、なめたり、しゃぶったりして口に入れるのは 6 歳ごろまでという判断だろう。しかし、小学校低学年でも、鉛筆や消しゴムをなめるこどももいる。また、おもちゃからだけでなく、気密性の高い最近の部屋では、室内の空気や建材、食品などからもフタル酸エステル類など有害な物質を体内に取り込んでしまう。ところが、そういう点はまったく考慮されていない。

②対象となるおもちゃの限定

対象となるおもちゃは 30 年以上も前の 1972 年に決められたもので、ごく一部にすぎない。素材も形態も多様化している現在のおもちゃの実態とは、かけ離れている。

いまどき、うつし絵(絵や模様を印刷した台紙を水にぬらして他の物に貼り、絵や模様をうつし取る)やほおずきで遊ぶこどもは、まず見かけない(設定当時の根拠や背景を厚労省担当課に聞いたが、よくわからないという返事だった)。一方、知育玩具や電子ゲーム類・電動おもちゃは対象外だ。この点は、日本玩具協会も定義の見直しが必要として、厚生労働省に働きかけているそうだ。

③材質の限定

対象となる材質がゴム、塩ビ、ポリエチレンのみである。もっとも多用されているポリスチレン系はじめ他の素材についても規制が必要だ。

④重金属の規制が弱い

鉛・カドミウム・ヒ素に基準値が設定されているだけ。有機スズなど他の重金属類も含めて、使用を禁止していない。ちなみに日本玩具協会では99年4月から、この3つに加えて5つの元素(アンチモン、バリウム、クロム、水銀、セレン)にもヨーロッパ玩具製造安全基準＝EN 71(65ページ参照)を採用している。

⑤塩ビの使用を禁止していない

可塑剤のフタル酸エステル類2種(フタル酸ジエチルヘキシル＝DEHP、フタル酸ジイソノニル＝DINP)を禁止しているだけで、塩ビそのものの使用を禁止していない。他の可塑剤、ビスフェノールA、ノニルフェノールなどの規制もない。

⑥溶出試験方法に問題がある

40℃の水に30分間浸すという現在の方法では、フタル酸エステル類やホルムアルデヒドなど揮発性の物質はじめほとんどの化学物質が正確に測定できない。この条件は、実際の赤ちゃんの口の中とは大きく異なる。

赤ちゃんの口の中は、水分だけでなく、ミルクや母乳のような脂溶性の物質などが混じり合っているし、温度も個人差はあるがおとなよりやや高いと推定される。しかも、口の中に入れたおもちゃが静止したままの状態とは考えにくい(赤ちゃんのだ液の成分を調べるのはむずかしいらしく、研究されていないのが実状)。

日本玩具協会では、試験溶液に水ではなく、薄めた塩酸を使用している。国と業界の試験方法が異なることも問題だ。業界では、国へ統一の必要性を強調している。「07〜08年には統一できるのでは」と日本文化用品安全試験所の担当者は話していた。

⑦塗料の規制が弱い

有害な成分を多く含むにもかかわらず、塩ビ樹脂塗料(おもに塩ビ樹脂を材料とする塗料)の規格しか定められていない。他の合成樹脂塗料についても規制すべきである。

⑧製造基準の対象が着色料のみ

接着剤の追加が必要(原材料に練り込むものではないので、製造基準に該当すると推定される)。

⑨原材料の対象が少ない

抗菌剤の追加が必要。

⑩布製おもちゃの規制がない

最近は布製(繊維製)でも、ホルムアルデヒドや合成染料(蛍光増白剤など)のようなさまざまな化学物質(1000〜2000種類)が使われている。布だから安心とはいえない。

⑪シャボン玉液の規制がない

界面活性剤、蛍光増白剤、重金属の使用を禁止していない。幼児が飲み込む可能性が十分にあるから、食品と同じ安全性を確保するべきだ。

⑫予防原則を取り入れていない

03年に約30年ぶりに改正され、フタル酸類2種が禁止されたものの、国際的にも政策として採用されつつある予防原則の考え方を無視している。

予防原則とは、「ある活動や物質が人間の健康や環境に対して害を及ぼす脅威があるときは、その因果関係が科学的に十分に確立していなくても、予防的方策をとらなければならない」とする考え方。ブラジルのリオデジャネイロで行われた地球サミット(92年)で採択された「アジェンダ21」でも、取り入れられた。これに署名・批准した日本は、予防原則を適用しなければならない立場にある。

⑬一覧表の表示方法に問題がある

「$KMnO_4$消費量」「蒸発残留物」「製造基準」については58〜60ページで説明したが、よほどマニアックな人でもないかぎり、なかなか理解できない。誰のための基準なのだろうか？　業界関係者だけでなく、ヤンママにだってわかりやすい書き方を工夫してほしい。試験項目としてあげられている物質についても、検査の必要性や根拠をわかりやすく説明してほしい。

厚生労働省医薬食品局食品安全部基準審査課によると、規格基準は現在、見直しの作業中。04〜06年度の予定で、合成樹脂製のおもちゃを検討するための研究班(メンバーは国立医薬品食品衛生研究所の河村葉子氏を座長とする専門家、業界団体、材質メーカー)がつくられました。08年ごろまでには再度、改正があり得るのではないでしょうか。

2
STマークとCEマーク

STマークって何？

STマークは、日本玩具協会(9ページ参照)が定めた自主安全基準(ST基準)に合格したおもちゃに付けられるマークです。STはSafety Toyの略称で、正式名称は「玩具安全基準合格認定マーク」。71年に定められ、有効期限は4年。制定の背景には、68年に制定された消費者保護基本法や、アメリカの消費者運動家ラルフ・ネーダー氏の活躍などがありました。

あらゆる種類のおもちゃ(正確な表現では、こどもが遊ぶときに使用する製品と材料)に適用され、対象年齢は15歳未満。材料の登録有効期間は1年です。安全性の根拠は、以下のとおりです。

①食品衛生法第7条(基準・規格の設定)にもとづく、おもちゃの規格基準

②99年4月から採用しているEN 71(重金属類のみ)

③シャボン玉液については、JIS規格

④繊維(布)については、有害物質を含有する家庭用品の規制に関する法律

また、化学的特性についての材料検査は、材質、重金属との組み合わせ、物質などにより大きく異なります。検査手数料は、標準小売り価格別に以下のとおりです。

300円以下＝500円

301円〜3000円＝1万円

3001円〜8000円＝1万4000円

8001円以上＝2万円

STマーク付きおもちゃが国内に流通するおもちゃに占める割合は、正確なデータがなく、わかりません。検査・認定機関のひとつ日本文化用品安全試験所によれば、国産品の検査申請は近年なく、すべて輸入品を検査してきたそうです。

90%以上のおもちゃが輸入品なので、日本玩具協会に加盟している国内大手メーカーなどが検査を依頼しています。認定を申請できるのは、日本玩具協会会員のみ。協会の会費は生産高、取扱高、推薦会員か個人会員かによって、大きく異なります。小規模業者や個人業者は、会費や検査手数料の負担が大きく、入

図２　一般的な ST マーク

会を断念するケースもあるようです。個人の申請による検査例もありません。

マークの表示方式は 3 つあります。もっとも一般的な方式を図２に示しました。マークはパッケージに付けられます。

このマークが付いていれば、万一、誤飲などの物理的事故が起きた場合、マークがいつ付けられたかにかかわらず、被害者に賠償金（最高で 1 人 1 億円）が支払われます。

ST マークが付いていれば安全なの？

ST マークの認定が申請されると、機械的・物理的特性（たとえばケガをしない形か）、可燃性（燃えやすくないか）、化学的特性（有害な物質が使われていないか）を調べます。その際、化学的安全性より物理的安全性が重視されてきました。安全性の根拠は食品衛生法などです。しかし、同法にもとづくおもちゃの規格基準には、すでに書いたように実にさまざまな問題点があります。ST マーク付きであっても、その安全性は大きくゆらいでいるのです。

業界としては、国の法律以上の対策をとる必要はありません。安全基準のレベルは、厳しい（と言っても、もちろん不十分ですが）順に①各社内基準、②業界（日本玩具協会など）基準、③国の基準で、国が一番甘いのが現状。というより、国は業界がさほど大変でない程度に、ハードルを低く設定してあげているのです。まず業界が優先で、国民は二の次なんて、おかしいと思いませんか？

03 年の改正内容も、たいしたことがない程度ですみ、塩ビ業界をはじめとする化学工業界は「ヤレヤレ」と胸をなで下ろしているでしょう。さらに、その後の「環境ホルモンリストの廃止」という「快挙」。2 種類の可塑剤を禁止しただけで、お茶を濁されては、たまったものではありません。まさに、「Safety Toy は遠くなりにけり」です。

ST マークを付ける意味、存在価値、信頼性が希薄化しているいま、私たち消費者は、消費者として最大の権利である「買う・買わないの自

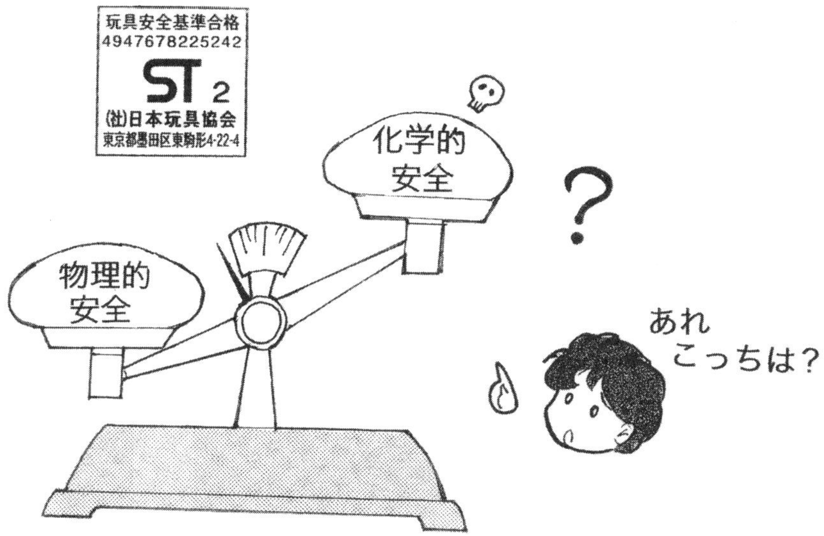

由」を行使し、弱き立場ではなく、強き立場になりましょう！　我が子、我が孫のために。そうでなければ、ただでさえ生きることの困難に直面しているこどもたちが浮かばれません。

EU の CE マークなら安心？

ST マークの安全基準のひとつとなっている EN 71 は、EU 内のおもちゃ業界で構成する協会の自主規制で、79 年に制定されました(当時は EC)。西ドイツ(当時)では、それまでの自国基準で重要だったものがはずされたため、安全性の面で後退したといわれています。

98 年に改訂版がつくられ、EU 各国が 01 年から国家規格として採用しました。化学物質に対する規制だけでも、膨大な量に及んでいます(この規制自体は、電気製品など多分野にわたっており、おもちゃはその一部です)。

EN 71 の要求事項を 100% 満たしているおもちゃには、CE マークが付けられます(ただし、試験義務はない)。91 年以降、輸入品を含めたすべてのおもちゃに CE マークの添付が義務付けられました。マークは、自社検査で付けても、第三者機関である公認認証機関(4 カ所)が付けても OK です。最低 10 年間は、試験結果や技術資料を保存しておかなければなりません。国の抜き取り検査などで引っかかったときに提示するためです。

ドイツ国内に流通するおもちゃに付けられるマークは、CE マークだ

図3　CEマークとGSマーク

図4　試験機関が発行するマーク

けではありません。生産者の申請によって、公認認証機関で行われる自発的な安全検査もあります。安全基準はやはりEU 71で、基準を満たしたおもちゃにはGSマークが付けられます。

図3にCEマークとGSマーク、図4に認証機関が認可した際に発行するマークの例を示しました。

CEマークとGSマークは、多くの消費者から品質保証と誤解されるようです。

しかし、安全基準は守られていても、武器やホラーもののように、無意味・低価値のおもちゃや、環境を害する使い捨ておもちゃもあります。また、機能、素材・加工デザイン、遊びの価値、環境アセスメントについての基準もありません。また、CEマーク付きおもちゃは税関もフリーパス。たとえば、マイストー(Maisto)社が生産しているミニカーのように、100円ショップでも見かけ、「え、これが？」と首をかしげるものがけっこうあります。

CEマークの認証機関は日本にもあります(テフラインランド・ジャパン・テクノロジーセンター、電話045–914–3888)

公認認証機関で検査されたものならともかく、実態の不明な自社検査では、問題があっても、運悪く抜き取り検査にでも引っかからないかぎり、誰にもわかりません。ドイツ以外では、検査機関がどこなのかすらわかりません。

これでは信頼しろというほうが無理でしょう。日本のSTマークもEUのCEマークも、あくまで業界の自主検査によるものであると認識しておいたほうが無難です。

より厳しい基準のスピルグートのマーク

ドイツには、いいおもちゃを社会に広げる目的で活動するスピルグート(spiel gut)というNPOがあります。spielは遊ぶ、gutはよいという意味で、79年に発足しました。歴史あるこのスピルグートの審査員が、毎年開かれる世界最大のおもちゃショー会場内で「スピルグート認定」おもちゃを選定し、独自のマークを発行しています(図5)。

図5　スピルグートのマーク

このマークを付けるためには、EN 71の安全性基準をクリアするほか、以下の13項目の基準を満たすことが必要です。①こどもの発達段階、②想像力、③周囲の世界の体験、④遊びの多様性、⑤素材と加工、⑥デザイン・形・色、⑦大きさと重さ、⑧数と量、⑨構造と仕掛け、⑩耐久性、⑪安全性、⑫エコロジー(89年〜)、⑬値段。

このようにドイツに流通するおもちゃは、日本のようにSTマークだけではありません。だから、消費者は自らの判断で買いたいおもちゃを選べるわけです。

スピルグートの審査員は現在43人。デザイナー、発達心理学者、素材・音・光の専門家などさまざまな分野で構成されています。こうしたメンバーによってはじめて、複雑で多岐にわたるおもちゃを審査できるという考えからです。日本人では、「遊びと玩具研究会」(東京都新宿区早稲田南町34–205、電話03–3205–1435、FAX 03–3203–7022、ホームページ http : //www. spielgut. jp)代表の伊藤翠さんが唯一の審査員です。

なお、現在(04年度から3年間)、EU、アメリカ、日本でバラバラな規格を統一して、おもちゃのISO(国際標準化機構)国際規格をつくる作業が進んでいます(ISOはスイスのジュネーブに本部がある、工業規格に関する国際機関)。

STマークの素材表示方法は不十分

日本玩具協会は2000年、3歳未満向けのSTマーク付きおもちゃを対象に、表面に現れている部分に使用している合成樹脂と合成繊維の素材名を表示するガイドラインを設定しました。前年にEUが、3歳未満の口に入れることを目的とした塩ビ製おもちゃ・こども用品の出荷を緊急に禁止したためです。

これは、フタル酸エステル類の腎臓・肝臓障害、精巣への害が認められたための措置です。協会は、安全な素材を使用していることを消費者にアピールしようと設定しました(**表11**)。しかし、つぎのような問題点があります。

第一に、表示がわかりにくいこと。たとえば、フタル酸エステル類が可塑剤として塩ビに添加されている場合でも、「塩化ビニル樹脂」または「PVC」としか表示されません。だから、一般消費者にはフタル酸が入っているかどうかわからないのです。また、その他の可塑剤を使

表 11　日本玩具協会が設定したガイドライン

1 表示対象商品
3 歳未満を対象とした ST 基準内商品を原則とする。
2 表示対象素材
表面に現れている部分に使用している合成樹脂および合成繊維の素材名を表示するものとする。
3 表示素材の指定用語
表示する素材の名称は、下記の表に記載してある“指定用語”を使用するものとする。注)(　) 内の略語(PE、PP 等)の使用も可とする。

a) 原料樹脂の指定用語

1	ポリエチレン(PE)	13	ポリアセタール(POM)
2	ポリプロピレン(PP)	14	ポリアミド(PA)
3	塩化ビニル樹脂(PVC)	15	ポリウレタン(PU)
4	フェノール樹脂(PF)	16	飽和ポリエステル樹脂
5	ユリア樹脂(UF)	17	ポリ塩化ビニリデン(PVDC)
6	メラミン樹脂(MF)	18	ポリブタジエン(PB)
7	不飽和ポリエステル樹脂(UP)	19	EVA 樹脂(EVA)
8	ポリスチレンまたはスチロール樹脂(PS)	20	ポリメチルペンテル
9	AS 樹脂(AS)	21	メタクリルスチレン
10	ABS 樹脂(ABS)	22	合成ゴム
11	メタクリル樹脂(PMMA)	23	PET 樹脂(PET)
12	ポリカーボネート(PC)		

(注) b) 合成繊維の指定用語は略した。

用している場合も、「塩化ビニル樹脂(PVC)」に加えて「非フタル酸系可塑剤使用」と表示されているだけなので、何を代わりに使っているかわかりません。

第二に、可塑剤に使われているフタル酸エステル類だけを他の材料に代替すれば安全とはいえません。代わりに使われる可塑剤は実験データが少なく、安全性は未確認です。

第三に、3 歳未満向けの商品がおもちゃ全体に占める割合は、推定で 10〜20% 程度といわれます(フタル酸エステル類の問題で揺れ動いたため、3 歳未満向けおもちゃの製造から撤退するメーカーが相次ぎ、かなり減少傾向にあると推定される)。すべてのおもちゃに成分表示が必要です。

第四に、商品本体には表示がないので、パッケージを捨てれば素材名がわからなくなってしまいます。商品本体への表示が必要です。

3
民間任せの不十分な検査

法律には検査規定がない

日本の市場に出回るおもちゃの90% 以上は、中国や東南アジアで製造された輸入品です。これには、日本の大手メーカーがこうした国々の自社工場で製造した製品も多く含まれています。

おもちゃの規格基準を「絵に描いた餅」にしないためには当然、検査が必要です。国(厚生労働省)には、基準を満たしていないおもちゃが国内に入ってこないように、空港や港湾でチェックする義務があります。ところが、食品衛生法では、検査についてはまったく言及されていません。輸入されるおもちゃの検査の実態がどうなっているのかとても気になったので、調べてみました。

輸入おもちゃの一部を代行業者が検査するだけ

6歳未満のこどもを対象にする輸入おもちゃで食品衛生法の指定おもちゃに該当するものは、税関に検査データを提出しなければ輸入できません。データの審査を行うのは、厚生労働省が指定した民間の登録検査機関です。本来は、その職員が輸入おもちゃが保管されている倉庫まで出向いて、サンプリング(抜き取り)検査しなければなりません。しかし、人員に限りがあり、常時すぐに行えないのが実状です。

そこで、輸入業者が代わりに行います。といっても、直接検査するわけではありません。「乙仲《おつなか》」と呼ばれる輸入代行業者に検査を依頼します。乙仲は検査結果を税関に提出し、税関の審査に合格すれば、輸入手続きは完了です。メーカーが中国などの工場から直接サンプルを検査機関に送ってくる場合もあります。

ただし、個々のおもちゃをすべて検査しているわけではありません。おもちゃの種類が異なっても、製造メーカー・材質・色が同じであれば、どれか一つだけを検査すればOKなのです。すべてのおもちゃを検査できない事情はわかりますが、買う側としてみれば、もう少していねいに検査してほしいと思いますね。

こうした登録検査機関はすべて民

間が運営し、国からの資金補助はありません。検査を依頼する輸入業者や大手メーカーは、大事な「お客様」です。

輸入したおもちゃに対して第一義的な責任をもつのはたしかに輸入業者ですが、公的機関のチェックがない以上、どこまで厳格な検査が行われたかは、はっきりしません。原材料や製造基準の検査に関して、国はノータッチなのです。規格基準があっても、検査に国が直接関与していないのは、おかしいと思いませんか？

事業者の良心に任されている国産品

では、残りの数%の国産品はどうなっているのでしょうか。厚生労働省の食品安全部基準審査課に「おもちゃの検査について聞きたい」と言うと、こんな返事が返ってきました。

「食品衛生法に検査のことが書いてありますか？　保健所に相談してください」

食品衛生法に書いてないでしょ？ウチは基準をつくっているところで、検査は関与していない、関係ないんだけど……というようなニュアンスです。そこで、私が住んでいる佐倉市(千葉県)の保健所に聞いてみました。検査の流れは以下のとおりです。

①事業者が、もよりの保健所に該当するおもちゃを届け出る。

②民間の登録検査機関(千葉県の場合は、県の指定機関である千葉県薬剤師会検査センター)で必要な検査(重金属、フタル酸エステル２種、着色料など)を受け、規格基準が守られているかを調べる。

③検査データを保健所へ提出する。

④検査項目がクリアされていてば、販売を許可する。

⑤保健所は検査データをファイルして保存する。このファイルをもとに市場での抜き取り検査を行う。

ただし、これは、あくまでタテマエです。事業者が届け出ないかぎり、検査の必要はありません。ある意味、事業者の良心にゆだねられているわけです。検査を受けていないおもちゃが市場に出回っていることが判明しても、事業者に罰則はありません。そのおもちゃが廃棄処分されるだけです。ちなみに、佐倉市では届け出はありませんでした(抜き取り検査も含めて開店休業の状態)。

国産品を製造しているのは、ほとんどが中小・零細企業です。こどものころ、お祭りの夜店で親に買ってもらったおもちゃの記憶がよみがえります。基準をクリアできなかったおもちゃが正規のルートではなく流通して、こうした夜店などで売られている可能性もあり得ます。

抜き取り検査の光と影 食品とおもちゃ

食品は少なくとも年に数回、市場や繁華街では毎日のように、食品衛生監視員が抜き取り調査をして、目を光らせています(食品衛生監視員は食品衛生法第19条にもとづき、厚生労働大臣または都道府県知事などが任命)。O–157をはじめ食品にはさまざまな問題が起き、その影響も大きいため、チェックを怠らないようです。

これに対しておもちゃは、ここ30年近く、抜き取り検査はほとんど行われていないようです。厚生労働省に聞いても、「検査している」とは言わず、口を濁していました。

食品衛生法ができた当初は、国産のおもちゃが主流だったから、ある程度は行われていたのかもしれません。しかし、輸入品が増えるにしたがって、税関を通ったものしか市場には出回っていないと見込んで、検査しなくなったのでしょう。また、食品衛生法自体が食品に関する法律で、おもちゃはあくまでも、その一部が準用されているにすぎません。チェックする習慣がもともとないともいえそうです。

すべてのおもちゃに 国の検査の義務付けを

おもちゃは製造から検査・流通まですべての段階において、善意のもとに成り立っているという前提があるようです。私たち消費者は、その善意とやらを信じるしかないのでしょうか。

また、これからはインターネットによる個人輸入が、ますます増えていきます。こうした個人ルートで入ってくるおもちゃに対しては、どう対応するのでしょうか。

市場に流通するすべてのおもちゃについて、国による検査を義務付けるべきです。

〈コラム〉100円ショップのおもちゃ

「安全性が気になる」人は他の店へ

いまや、「100円ショップで暮らせる」と言う人もいるほど。不況とも相まって、100円ショップ(100均)は、庶民の暮らしにすっかり定着しました。

業界最大手ザ・ダイソーのある店(ダイソー千葉中央店。現在は閉店した佐倉市にある臼井ジャスコ内)には、こんな内容の断り文がかかげられていました。

「安全性が気になるお客様は、他のフロアで商品をお買い求め下さい」

ここでいう「他のフロア」とは、「ダイソーではない、他の店」という意味です。どういうことかと疑問に思い、大創産業(ザ・ダイソーは店舗名)本社(広島県東広島市)に文書で質問状を出しました。

返事はなかなかこなかったので、何度も催促。ずいぶんたって総務部から届いた回答文書を原文のまま紹介します。

「断り文については、海外のメーカーに対し、1アイテムにつき何10万～何100万個の発注をし、一括納入しているので、中には不良品等が混ざっている可能性がある。莫大な数量を扱っているので販売するまでそれを発見できないこともあり、そのような商品を買った場合は交換するというのがこの文章の趣旨。

また、安全面についての記載は、いろいろな安全基準に十分配慮して商品開発をしているが、それを100%購買の基準にされているお客様には、私共の商品では満足して頂けないのでは、という懸念からこの文章にさせて頂いている」

日本語として、とてもおかしな文章です。断り文を素直にストレートに解釈すれば、「ダイソー店内の商品は、安全性を第一に考える人には買えない商品」ということになるはず。「不良品」とか「交換します」という言葉は、断り文にはどこにもありません。それなのに、どうしてこの文章の趣旨が「不良品の交換」になるのでしょうか。

あえて親切に考えれば、断り文を出してるだけ良心的といえないこともないけれど……。ちなみに、他の100円ショップでは、このような断り文は見かけません。

なお、大創産業本社営業商品部担当者の話では、お客様に「あきられてはいけない」というサービス心で、毎月700～800の新商品を出しているというから驚きです。それらの原材料の安全性については胸を張る自信がないからこそ、「断り文」という形で万が一に備えた予防線を張っているのだと解釈すればいいんですね、ダイソーさん。

まあ、「承知のうえで買い求めた。文句は言いません」という相互の暗黙の了解が成立するということになるのでしょう。でも、店内の目につきやすいところに掲示しているわけではありません。目にしなければ、それまでなのです。

輸入先は教えられない

Shop One-oh-ohや生活良品館は、

「北川有限公司」という中国メーカーのラベルがある、生活良品館のキッチンプレイセット。CEマーク付き

岐阜県大垣市に本社があるセリア(旧山洋エージェンシー)が経営しています。私が行った生活良品館(現セリア)臼井店(佐倉市)のおもちゃは、STマーク付き、CEマーク付き、生産国しか表示がないものなど、さまざまでした。

発注元(輸入元)も製造元もまったくわからず、生産国名しか表示されていないおもちゃが堂々と売られているので、店員に聞いてみました。

「このラッパと砂遊びセットの発注元を教えてほしい」

当然、その場ではわかりません。翌日、電話がかかってきました。

「本社からの指示で、事故品でなければ発注元を教えてはいけないと言われているので、教えることはできません」

これにも驚きました。発注元(輸入元)や製造元を書いたり、聞かれたときに教えると、どんな不都合があるのでしょうか？　まず、ここで疑いをもたざるをえません。こんなひどいモノの売り方をしてる100円ショップには、強い怒りと不信感をもつばかり。消費者は安ければ何でも買うと思ったら、大間違いです！

店内が臭い

以前、化学物質問題市民研究会が主催した講演会で、100円ショップの問題を取り上げました。その後、軽い化学物質過敏症の若い男性からお手紙をいただいたことがあります。その趣旨を紹介しましょう。

「100円ショップの商品を使うと、あるいは室内に置いておくだけで、症状が悪化し、苦しくなる。店内にある園芸用品、殺虫剤、洗剤、化粧品などでも同様。なかでも、カセットボックスと鉛筆に強く反応し、耐え切れず、すべて捨てた。

カセットボックスはたぶん、常に何かが揮発しているのではないか。鉛筆は、削ってからしばらく置いても臭く、何か化学物質が含まれている。廃材か細い木材(端材)を接着剤で固めている。最悪なら、シロアリ防除や虫喰い防止に農薬、それもクロルピリホスはじめ有機リン系農薬が含まれている可能性があると疑っている」

私自身も100円ショップの店内に入った瞬間、臭くて、不快です。若い人たちがパートやアルバイトで長時間にわたって働いていますが、いつも「大丈夫かな」と心配になります。

同様の不快感は、スーパーの衣料品・化粧品・洗剤・魚売り場、本屋、美容院、クリーニング屋と、きりがありません。とりわけ、靴屋は低価格のサンダルや靴が山積みになっているワゴン周辺が強烈な臭い。薬局も店の前を通りかかるだけで不快。ついでに電車の中も。

余談ですが、私は新品の下着、靴下、タオル類など肌に直接触れる繊維は、必ず洗ってから使うことにしています。衣類には、機能性を付加するためのさまざまな加工剤(防しわ、防縮、防虫、防カビ、防水、防汚、柔軟、撥水……)や染料など非常に多くの化学物質が使われ、その数は1000～2000にもなるとか。衣料品売り場が臭いのは当然ですね。

ごみが増える

100円ショップで、赤・青鉛筆(3本入)を買って、びっくり。鉛筆削りで削ると、芯がポキポキ折れてしまい、青い部分はなくなってしまったのです。わずかに残った赤の部分は、ナイフでそっと削ることに。粉石けんのネットからは、石けんの粉がこぼれ出ました。

消費税込み105円だから、不良品でも、すぐにごみ箱へポイッ！　気楽に買って、気楽に捨てる。きっと、こんなところがうけるのでしょう。とくに、おもちゃはうってつけなのかもしれません。

とりあえず、その場が安上がりにしのげて、用が足りれば、良し。どこでどんなふうにつくられたかなんて考えもせず、サッサと買ってサッサと捨てる。ごみ問題なんて気にしない。「100均症候群」とでも名付けましょうか。

賢く利用すれば、少しでも出費を抑えたい私たち庶民の強い味方であることは確かです。でも、「100均症候群」の大量生産は、ごみの大量生産にとどまらず、資源の浪費、環境破壊と地球温暖化に追い討ちをかけていることも事実なのだということを、頭に入れておく必要があります。

CHAPTER 5

世界一のおもちゃ生産基地・中国を訪ねて

1
悲惨な製造現場

病気や中毒が起きている

日本で売られているおもちゃの約75％を製造する中国。いったい、どんなところで、どうつくられているのでしょうか。

中国のおもちゃ工場では適切な換気設備がなく、化学物質を含んだ大量の粉塵が撒き散らされているといわれています。それらは、安全マスクなどの備品を着用しないで働いている労働者の健康に、大きな影響を及ぼしているようです。最初は頭痛や皮膚のかゆみで始まり、しだいに神経系統の病気につながっていきます。

また、プラスチック製おもちゃやゲーム機器の生産にはスプレー塗料や接着剤が多用されるため、多くの有害物質が空気中に放出されるのです。こうした環境に長期間さらされると、体内の白血球が減り、半年ぐらいで免疫系が弱くなり、白血病に至るともいわれます。

実際、めまい、頭痛、カゼのような症状を訴えた珠海《チューハイ》市の女性労働者たちが、やがて中毒になって亡くなったという報告を私は読みました(『アジアの仲間』65号、1996年12月)。省政府などによる調査の結果、死亡原因はエタン中毒と判明したそうです。

エタンは、呼吸器、皮膚、消化器系統をとおして体内に入り、神経系の病気を引き起こし、最終的には死に至らせます。工場には適切な換気設備が備え付けられておらず、寒い日には窓が閉め切られていました。また、労働者たちには何ら安全に働くための備品が支給されず、残業により疲れ切っていたそうです。同様の労働災害(死亡)は、ほかにも起きています。

さらに、マテル社(本社アメリカ。バービー人形はじめ、おもちゃやファミリー製品のデザイン・製造・販売を行う世界最大手メーカー)のおもちゃ工場では、労働者たちはマスクをつけても、めまいがしたり、気分が悪くなったり、皮膚に発疹が出たりしたといいます(Asia Monitor Resource Center「中国の香港資本の玩具工場の労働実態報告」)。

実状を自分の目でぜひ確かめた

図6　深圳市と沙井

い。そう思った私は2000年12月、香港に近い中国南部の深圳市宝安《パオアン》区の沙井《シャーチン》にある沙井上南《シャンナン》工業区一帯を訪ねました(図6)。そのころ、100円ショップのおもちゃはおもに深圳でつくられていたからです(その後は広東省の汕頭《スワトウ》が中心。製造工場は人件費の安い地域へ渡り鳥のように次から次へと移動する)。以下はその経験にもとづくレポートです。

警備が厳しい工業区

深圳市内には、電話帳に登録されたおもちゃ工場だけで550カ所近くあります。市の中心部から約40キロ離れた沙井上南工業区には、中国の法律に違反して約400人の15歳未満のこどもを1日16時間も働かせていた、新城《シンチェン》工場がありました。その経営母体は、シティ・トイズという香港企業です。

ここでは、マクドナルドのハッピーセットに付いていたキティちゃん、スヌーピー、クマのプーさんなどの景品を製造していました。訪ねた約3カ月前の8月末に、児童労働の問題が香港の基督教工業委員会(CIC)というNGOによる潜行実態調査によって、香港の『サウスチャイナ・モーニングポスト』という英字新聞で大きく報道されたそうです(翌日、中国本土の民間紙にも小さな記事が掲載)。事件発覚後、マクドナルドは働いていたこどもたちを全員解雇。新城工場との提携も打ち切りました。

ガイド役をお願いした高橋信之さん(第三世界アナリスト)が、言います。

「それ以来、工場一帯の周辺警備は異様に厳しくなった。ぼくは先日、ここの門扉のすき間からカメラを向けているところを警官に見つかり、公安処へ連行。フィルムを没収されたあげく、パスポートに貼ってあった顔写真を取られた」

高橋さんとはその1年以上も前から連絡を取り、ようやくおもちゃ工場内に入っての取材ができるはずでした。ところが、実際にはカメラをぶら下げて歩くことさえできない厳戒体制。制服・私服の警官がたくさんいるなか、滞在期間中ずっと緊張の連続でした。

役に立ったのは、念のために用意していた使い捨てカメラ。すきを見ては素早くシャッターを押しました。それが、この本に載っている写真です。

重くよどんだ空気

沙井までマイクロバスで移動。鉛入りのガソリン車で、エンジンからもうもうと煙が車内に噴き上げてきます。まず、ここでびっくり。

中国政府は99年以来、北京・上海などの都市から段階的に有鉛ガソリンを規制しています。しかし、実際には鉛入りのガソリン車が横行しているのです。

信号は一応あるものの、まったく無視され、道路を渡るのは命がけ。ひっきりなしに猛スピードで突進する車、トラック、バス。けたたましいクラクションの音、音。一晩中、静かにはならず、街はエネルギッシュな喧噪に満ちあふれていました。

そして、空気が透き通っていません。色がついてしまっています。かつてダイオキシン汚染が問題になったころの所沢市(埼玉県)へ行ったことがありますが、そうした日本の汚染の比ではありません。素人でも直感できるレベルのひどさです。

中国各地の大気中の総浮遊粒子状物質(TSP)と二酸化イオウ(SO_2)の濃度は、世界銀行が調べた10都市(東京、ロセンゼルス、バンコク、北京、重慶など)で最高。TSPは太原(山西省)、SO_2は重慶(四川省)が最悪でした。

どちらも、石炭を燃やした際に発生する副産物がおもな理由です。加えて、工業部門からの重金属類とダイオキシンや窒素酸化物(NO_x)など毒性物質の排出も、大気汚染に大きく影響しています。

気管支をやられている人びとが多いらしく、歩きながらよくせきをしたり、痰《たん》や唾《つば》を吐いていました。

また、中国も香港も水道水は生では飲めません。人びとはプラスチック製容器(20〜30ℓ入り)に入った水を買って飲み、料理に使います。写真(85ページ)では実感しにくいと思いますが、川やどぶはどんよりと重く濁り切ったうえに、ありとあらゆる物が捨てられ、異臭を発していました。高橋さんが一言。

「この水を飲んだら死ぬ」

鉄格子がはめられた工場の窓

81ページの写真は警官の目を気にしながら、なんとか撮りました。わかりにくいかもしれませんが、どんな工場にもほとんどこのように、窓には鉄格子が中からはめられています。周囲の塀には、大小さまざまなガラスの破片が埋め込んでありました。

これは、労働者が製品を持ち出し

大小無数のガラスの破片が埋め込まれた工場の塀(上)と鉄格子がはめられた工場の窓(下)。中が見えないようにペンキを塗ってある。どちらも、あちこちで見かけた

て逃げられないようにするためです。私たちがある工場の前を通りかかると、仕事を終えて出て来た2人の若い女性が警備の男性に、ビニールの手提袋の中を調べられていました。工場の製品を持ち出していないかどうか、所持品検査されているのです。

2人の女性は門から外へ出てしばらく行くと、後ろを振り返り、警備の目が届かないことを確認。スラックスのウエスト部分から、きれいに折りたたんで重ねた数枚のポリ袋を取り出し、さっと手提袋に放り込みました。この工場ではおそらく、スーパーなどに常備しているポリ袋をつくっているのでしょう。

相次いだ大火事

こうした労働者の安全を一切考えない工場の造りは、すでに多くの悲劇を生み出しています。

93年5月には、バンコクのケーダー社(本社は香港)のおもちゃ工場で、「世紀の大惨事」ともいうべき火事が起きました。188人(会社側発表)の死者と800人以上の負傷者を出したこの火事は、退勤間近の夕方に発生し、工場はまたたくうちに火の海に包まれたそうです。

工場内には、ぬいぐるみなどの軟性玩具、人形用のプラスチック材料、布などがところ狭しと積まれていたため火の勢いが強くなり、労働

者たちは逃げ遅れました。90〜92ページで紹介するビデオには、生存者のこんな証言さえあります。

「保安要員は出口を封鎖しただけで、何ら警報は出しませんでした。そして、私たちに仕事を続行するよう命じたのです」

同年11月には、深圳の致麗《チリ》おもちゃ工場でも大きな火事が起きました。ここは、「キッコ(CHICCO)」のブランド名で知られるイタリアのアルツアーナ社の契約工場です。

すべての窓に鉄格子と金網がはめられ、4つの出口のうち2つは、内側から開けられないように封鎖されていました。そのため、約200人の労働者が工場内に監禁状態になったのです。やはり、在庫のおもちゃがいわば燃料の役割を果たしました。

こうして、多くは内陸部(四川省・湖南省・湖北省など)の農村出身の女性たちがうめきながら、折り重なって、丸太のように焼き殺されていったのです。焼死者は87人、うち79人が女性でした。

ちなみに、日本では伊藤忠商事がキッコの独占販売権を99年に獲得。2000年に第1号店を横浜市に、第2号店を自由が丘(東京都目黒区)にオープンしました。そして、「高級輸入ブランド」を売り物にして、乳幼児をかかえて買い物に出にくい若い母親をターゲットに、通販にも力を入れています。

横浜店へ行ってみると、洗練されたデザインの、ピカピカでカラフルな、いかにもイタリアンというおもちゃでいっぱいでした。そこは、牢獄のような製造現場と悲惨でいまいましい事故とは結びつけようのない、異次元の空間。まさに、天国と地獄の世界です。私は、思わず涙が出てきました。

無邪気におもちゃで遊ぶこどもたちの向こう側にある事実を、広く知ってほしい。中国の女性労働者たちがどんな気持ちで働き、つくっているかを想像してほしい。

こどもの夢を育むおもちゃは、実は程度の差こそあれ、大火事が起き

キッコブランドのミニカー(キッコ横浜店販売)

た2つの工場と似たり寄ったりの場所で、何らかの犠牲や痛みをともなってつくられているのです。おもちゃで遊ぶこどもたちと、おもちゃをつくる人のあいだには、暗くて深い闇があります。

花火をつくる子どもたち

おもちゃ工場の火事が相次ぐなか、おもちゃの安全な生産の確立を求める声が国際的に高まるようになりました。96年に行われた玩具産業国際協議会(ICTI、各国のおもちゃ業界の国際的団体)の年次総会では、「玩具産業のための企業行動規範」を採択しました。これは、会員業者が下請け業者に要求すべき事項を示すものです。たとえば、CO_2の排出上限値の設定、シャワーの設置、トイレへの石けんやタオルの常備などが定められました。

しかし、企業行動規範ができたからといって、状況が一変するわけではありません。事実、中国の法律では15歳未満のこどもを働かせることは禁止されています。にもかかわらず、79ページで紹介した新城工場のような違法児童労働がまかり通っているのです。

確認されているだけで、中国の15歳未満の労働者は922万4000人。同年代の総人口の7.8%にも達しています(01年)。

「政府が身分証明書を偽造して、違法労働に協力している」(高橋さん)

ロイター通信によると、01年3月7日には、南部の江西省にある小学校で、児童たちが花火に爆薬を詰めていたところ爆発。42人の児童が死亡する事故が起きました。このときは当初、当局によって「理科の実習時に起きた」という情報が流されました。実際は、小学校が公然と花火工場になっていたのです。

この事故のあと朱鎔基《ジューロンチー》首相(当時)が国民に謝罪し、安全基準の強化を図ると約束しました。ところが、その直後の3月21日、やはり花火を密造していた工場で爆発事故があり、5歳と6歳のこどもが死亡しています(ロイター通信)。これらは、どれもこれも氷山の一角にすぎないのかもしれません。

夏といえば花火。こどもたちが楽しむ夏の風物詩が、違法な児童労働によってつくられているとしたら、やりきれません。花火にかぎりませんが、同じこどもでありながら……との思いにかられます。

2
労働者たちの素顔

衛生状態の悪い住まい

沙井上南工業区内には、ハンガー、電気スタンド、携帯ラジオ、テープレコーダー、CD プレーヤー、電話機などをつくっている工場もあります。また、いたるところで「塑膠」と書かれた看板を見かけました。塑膠はプラスチックのことです。PS(ポリスチレン)や ABS と書かれた、日本や台湾から輸入したレジン(プラスチック原料)が入った袋をいくつも店先に積んでいる商店もあります。

商店街では、人びとがテレビを見たりしてくつろぎ、店先のテーブルでは何人かの男性がチェスやビリヤードを楽しんでいました。髪を茶色に染めた男の子も、おとなに混じってビリヤードをしています。「小学校はやめた」とのこと。ほかにも、中学生くらいの男の子を 2~3 人見かけました。

工業区内を歩くと、あちこちの建物の壁に、「性病治療」と書かれたビラがびっしりとすき間なく貼られています。

集合住宅のあいだには、生ごみやビニール袋など生活するなかで出るありとあらゆるものが捨てられ、異臭を発していました。溝には生活排水がよどんで、たまっています。上の階に住む人たちは、何でもかんでも、このどぶのような溝に放り込むのでしょう。道路のマンホールからは、汚物があふれ出ていました。

たまたまのぞいた住宅は、部屋とは言いがたい状況。コンクリートが打ちっ放しの、土間のような暗く

レジンの袋には、「PS」「出光石油化学株式会社」「TOKYO JAPAN」などと書かれていた

て冷たい空間なのです。こどもや若い女性の体には、とくによくないでしょう。

集合住宅近くのどぶ。異様な色で異臭がした

プラスチック製のバケツや桶などの日用品が、薄暗い部屋の中でけばけばしい色を放っています。ごみ箱はなく、ごみは出たその場で無造作に捨てられていました。ここに、こどもからお年寄りまで 10 人前後が共同で暮らしているそうです。

みんなでテレビを見ている部屋や、若い女性だけの部屋もありました。失業者が多いようです。カーテン 1 枚、二段ベッドには敷きっ放しの布団、それにポットと小さなコンロ。部屋の前を通ると、暗い室内から若い女性が私たちを不審そうな表情で見つめていました。

別の住宅の入口では、近くの市場で買ってきたのか、若い女性がしゃがんで鶏の皮をむしっていました。赤ん坊を抱いて、あやしているおばあさんもいます。ほとんどが、広東省の農村部から出稼ぎに来ている人たちです。

2~3 歳の皮膚病かと思われた男の子の家族や知人が暮らす部屋の入口で、夕飯の仕度をしていたおばあさんに声をかけました。

「男の子の顔は、どうしたの？」

そのうち、どこからともなく仕事帰りの人などが集まり、私の周辺には人だかりができてしまいました。警官もうろうろしています。高橋さんが、周囲の見張り役になりました。以下はそこで聞いた話です。みんな、近くの工場で働いているか失業中の労働者でした。

低賃金で働く労働者たち

「田舎から出て来た。1 年ぐらい仕事がない人もいるよ」

「スラム(のような)国営住宅の家賃は月に 300 人民元。支払えないので、親戚に借りて支払ってる」

当時、1 人民元は約 14 円だった

労働者の典型的な集合住宅

ので、約4200円です。

「1日の食費は1人民元」

3食で約14円！　信じられますか？

「収入はほとんどない。ごみ拾いなど臨時の仕事で食いつないでいるんだ」

「建築現場で働いていたが、1日の賃金は10人民元だ」(話のきっかけになった男の子の父親)

「プラスチック製のピストルなどをつくるおもちゃ工場で働いているわ。1日の賃金は13人民元よ」(30代前半に見える女性)

ちなみに、プラスチック製のピストルの販売価格は3人民元。プラスチック製のバケツや桶もほぼ同じでした。

みんな健康は気になる

「プラスチック工場やシンナーなどが体によくない影響があることは、自分の経験上わかっている。鼻や頭が痛くなるしね。こういうものを扱う工場の賃金がよくても、もう行かないよ。妻やこどもたち、家族にも、決してすすめない」

「中国のこどものおもちゃは絹製の人形や動物が中心。プラスチック製のおもちゃは高いので、あまり買わないわ」

そもそもおもちゃを買う習慣は、上層階級は別として、一般庶民にはあまりないらしいのです。

「ゲームボーイは持ってるけど、こどもたちは昔と変わっていない」

「大事なのは、自分の健康。健康な体で働いて、家族のためにお金を稼いで、仲よく暮らすことさ」

「自分たちの体によくないものでなく、影響のないものを使って、働きたいね」

「ここの空気や水がよくないのは、わかってる。だけど、田舎では現金収入もなく、食べていけないので、ここにいるんだ。こどもたちは、田舎でちゃんと学校に行っている。田舎のほうが教育費は安い」

「工場の雇い主は、使っているものが毒かどうか、何も教えてくれない」

「工場内の空気は悪い」

「買い物は市場。食事は外ではせず、自分でつくり、気をつけてるわ」

これは、流行している肝炎の心配からだろうか。

「1つの工業区には必ず1人の医師がいるよ」

若者から働き盛りまで、男女20～30人はいました。最初いた警官の姿は、いつのまにかありません。勤務時間を終えたのでしょうか。

汚いどぶのかたわらで立ったまま、夕方から夜遅くまで時の経つのも忘れたひとときでした。明るく、実直で、元気のいい労働者たちと、ストレートで打ちとけた話ができたのは、一生の思い出です。

直接話ができたから、人間として触れ合えたのだと思います。連帯感のようなもので全身がいっぱいに満たされていました。

情報公開はまだまだ

通訳をお願いしたのは、日系企業で働く若い男性・周さん(仮名)です。途中で彼に頼みました。

「日本の消費者としてできることは何ですかと、質問してください」

しかし、彼は毅然とした表情で切り返したのです。

「そんな質問はできません。それは、あなたたち自身が考えることでしょう」

たしかに、そのとおり。愚かな質問をした自分が恥ずかしくなりました。

歩きながら、塩ビはじめプラスチック製おもちゃの問題を話すと、周さんはこう言いました。

「自分のこどもには、そういうおもちゃは買いたくありません」

周さんは日本の某トランスメーカーに勤務。通信教育で大学を卒業し、独学で日本語を勉強したという努力家です。田舎に両親や弟がいるので、毎月必ず、仕送りをしています。両親はそれを生活費に充てたり、肥料、農薬、農機具を買うために使っているそうです。

「ぼくの勤務先のトランス工場では、いまだに鉛入りのハンダ、PCB、有機溶剤などを使っています。それらが問題なのはわかっています」

周さんは向上心がとても強く、潔癖で、親や兄弟思いの賢い青年です。通訳料は、きっぱりと断わりました。

「自分の勉強にもなりますから」

しかし、当時の中国では環境問題をテーマに本を出版するのはご法度と聞きました。新聞にも、政府が指示した記事以外は載りません。ジャーナリストが生まれにくいといわれるゆえんです。当局によって情報が操作されているため、賢い周さんもダイオキシンや環境ホルモンについてはまったく知りませんでした。

ディズニーランドも マクドナルドも知らない

ある晩は、工場街を歩いて知り合った2人の若い女性と、夕飯をいっしょに食べながら、話しました。彼女たちは湖北省と広東省の出身です。高校を中退して、ロイヤル・フィリップス・エレクトロニクス社という大手家電メーカーの工場で働き、エレクトロニクス製品を製造していました。ごくふつうの、堅実そうな雰囲気です。

2人とも、ディズニーランドもマクドナルドもハンバーガーも知りません(それは、通訳の周さんも同じ)。

「仕事でハンダを使い、目に刺激があるの。工場では肝炎が流行し、1000人の労働者のうち60人が慢性肝炎で田舎へ帰ったわ」

「食器からも感染するので、食器は自分専用を用意して、自分で管理しています」

話していると、2人にこう言われて驚きました。

「きのうの夜も、この辺を歩いてたでしょ」

地味で目立たない格好をしていたつもりですが、やはり日本人はすぐわかるようです。

「もし日本に行けたら、何がしたい？」

「う〜ん、買い物かな」

若い2人は、顔を見合わせてにこやかに答えました。

その翌日の夜、宿泊したホテル前の大通りを歩いていると、30〜40代と思われる二人連れの女性が話しかけてきました。

「私たちは農村から出て来ました。帰る旅費がなくて、困っています。お金を貸してくれませんか？」

高橋さんは、以前は事情がよくわからないまま、お金をあげていました。でも、友人から「そういうことを仕事にしている人たちがいるので、渡してはいけない」と言われ、いまでは知らんふりをしているそうです。

警官が立つ高級日本料理店

私たちが昼食を食べた労働者向けの食堂と道路をはさんで反対側に、「雲仁」という高級日本料理店がありました。店の前には警官が立ち、警備しています。質素な食堂で、餃子とご飯とスープを食べながら様子を見ていると、中から3人の日本人管理職(2人は制服を着用)らしき男性が出て来て、乗用車で去っていきました。

私たちも食べ終えてから、この店を恐る恐るのぞいてみました。大理石の内装、日本庭園風にしつらえた一角、メニューに並ぶ高級日本料理……。外とはまるで別世界です。4～5人の日本人男性が無言で黙々と昼食をとっていました。たぶん、日本企業のマネージャーたち(課長クラス)でしょう。それにしても、店の前の警官といい、店内の雰囲気といい、一種異様な感じです。

彼らは工業区から車で1時間前後の高級住宅地に住み、特別な食事をし、現地の人びとや工場の労働者と交わることなど一切ない生活をしているのでしょう。この日は日曜日でしたが、工場は稼働していたようです。まるで植民地のような光景に、唖然とさせられました。

日本へのメッセージ

中国からの帰途、香港に立ち寄って、79ページで紹介したCIC副主任の若い男性チャンさんと意見交換しました。チャンさんたちは、ナイキやアディダスなどブランドものの靴を製造している工場で働く人たちの労働災害や安全性の問題を中心に活動しています。ビジネスマンをよそおって中国のおもちゃ工場に潜入取材した経験もあるそうです。彼らからは、こんなメッセージを託されました。

「日本の消費者たちには、おもちゃに使われる危険な化学物質への関心だけでなく、働く人たちの労働条件も考えてほしい」

「日本のメーカーに、現地の工場をもっとオープンで接触しやすい態勢にするように要求してほしい」

おもちゃ工場で働く女性労働者の現状を知ろう

私の手元には2本のビデオがあります。いずれも、アジアの女性労働者の厳しい現状と厚い壁に挑む女性たちの姿を伝えるビデオです。百聞は一見にしかず。小学校や中学校の生活科や総合学習、環境教育などの場で、ぜひ活用してほしいと思います。読者のみなさんは、図書館に購入をリクエストしてください。

ひとつは「捨てられた人形――グローバリゼーションとアジアの女性労働者」(原題：Dolls & Dust、98年制作)。舞台は、スリランカ、タイ、韓国です。スリランカでは、農村地帯から自由貿易地帯にある工場へ働きに行った若い女性たちの抵抗が描かれています。タイは、工場の火災や労働環境の悪さから命や健康が失われていく悲惨な様子を伝えました。韓国では、労働運動の基礎を築いてきた女性労働者たちの活動が描かれています。

〈**制作**〉

オリジナル版(英語) CAW(アジア女子労働者委員会)、日本語版 CAWネット・ジャパン

〈**定価**〉5000円(図書館価格1万円)

〈**注文先**〉CAWネット・ジャパン(電話・FAX 042–949–5231、E-mail :

cawnet@japan.email.ne.jp）

もうひとつは、「Made in Thailand」。バンコクのケーダー社の火事で命を失った労働者をはじめ、さまざまな労働災害で亡くなった犠牲者に捧げるためにつくられたビデオです。残念ながら絶版になってしまいました。

このビデオに出てくる女性労働者の証言はとても貴重で、実態がよくわかります。CAW ネット・ジャパンの広木道子さんにお願いして、日本語に抄訳していただきました。

CAW はアジア女子労働者委員会の略称で、長時間労働と劣悪な労働環境のもとで働くアジアの女性たちの状況を改善しようと、81 年につくられました。現在アジア 13 カ国の女性労働者グループがネットワークをつくっています。

CAW ネット・ジャパンの活動の柱はつぎの 5 つです。①CAW ネット・ニュースの発行、②英文ニュースレターの発行、③CAW 活動への参加と協力、④英語翻訳学習会、⑤その他。

以下に、女性労働者の発言を紹介します。このビデオの舞台はタイですが、状況は各国に共通します。

厳しい労働条件と低賃金

〈おもちゃ工場の中で〉

「工場のオーナーは、私たちが労働組合をつくることを望まない。なぜなら、投資に見合った利益を得られなくなるから」

〈集会での演説〉

「政府は労働組合をつくらせないことを約束して、外国資本の投資を促進している。だからタイの労働者は弱く、簡単にコントロールされている。それが労働災害の原因となっている」

〈Mee さん、ミシンがけの現場で〉

「私たちはクマのぬいぐるみなどをつくっている。ゴム製の頭部と布製の胴体を縫い合わせている。人形のために裁断をして、それをチェックし、縫製部に回す。足や目、その他部品をチェックするのが私の仕事。すべてのおもちゃは、アメリカ、日本、カナダ、香港、ヨーロッパに輸出される。ディズニーのおもちゃを 10 万個受注したこともある。外国で 1 個 1000 バーツ（01 年現在、約 3000 円）で売られる。私たちの賃金では買えない値段である」

〈ミシンで作業中〉

「1 人の労働者が 1 日 100 個の人形をつくり、1 個あたり 1000 バーツ以上で売られる。私たちの日給はたったの 157 バーツ。どうみても公平とは思えない。157 バーツのうち、3 度の食事に 100 バーツ。残りの 57 バーツで、家賃、水道代、電気代、石けんや歯磨き粉や衣料品、それに交通費を払う。1 日 157 バーツでは足りない。だから、私たちは工場に行く前にわずかなお金でも稼ごうとする。毎朝食べものをつくって売り、貯金をしたいと思っている。45歳を過ぎたら、工場労働のようなハードな仕事はできなくなるから。でも、それで体を壊してしまう」

「私は繊維工場で20年間働いてきた。10年を過ぎたころから体の具合が悪くなった。カゼの症状と、アレルギーも出た。目の充血やせきもあった。胸の痛みがひどくて、息もつけなくなった。病院に行ったら、仕事が原因の病気だと言われた。衣料品のほこりとコットンの繊維が私の胸をダメにした」

「工場には換気設備がなく、空気はいつもほこりだらけ。5つの部署が換気扇のない1つの部屋でいっしょに仕事をしていた。経営者は労働者の体のことなど気にかけず、訴えにも耳を貸さなかった。彼らは、病気がほこりのせいだとは決して言わない、工場の医者に診てもらうよう強制した」

〈退社風景〉

「生産だけが大事。経営者は毎日、私たちが何千個つくるかノルマを決める。私たちは時間との競争を強いられる。物を運ぶ人は絶え間なく運ぶ。それで、しだいに肩や関節や腰などを痛める」

「監督は私たちに興奮剤を飲むように言う。そうすると、全力を出して働けるから」

〈工場の中〉

「100万個の人形の注文が入ると、私たちはいつでも残業だ。経営者は私たちを閉じ込めて、鍵をかける。私たちが出られないように、正門にもビルの中の扉にもだ」

悲惨な火事は人災

「1993年5月10日。それは仕事の終了間際、午後4時ごろに起こった。私が部品のチェックに追われていると、電話のベルが鳴った。友人が、できた部品を運んでくるようにと言った。電話を切ったとき、人びとが走っているのが見えた。ドアを開けると、友人が“火事だ”と叫んだ。みんなが走っているのを見ながら、火事はよくあることなのでたいしたことはないと思った。そうしたら、みんながヒステリックに叫びながらドアを開けようとしているのが見えた」

「労働者たちが“火事だ”と大声で叫んだのに、ガードマンは労働者を避難させようとせず、ドアに鍵をかけた。友人は“警報を鳴らして”と叫び、監督のところに走った。“火事です。なぜ、みんなを避難させないのですか。労働者を外に出してください”と訴えたが、彼らはそれを拒んだ。労働者がおもちゃを盗むと考えたのだ」

〈火災現場〉

「みんながドアのところで闘っていた。息ができない。窓のところへ走った。友人が窓から飛び下りたが、私は恐くてできなかった。でも、やっぱり飛び下りるしかないことがわかって、下を見ないように、両親の名前を叫びながら飛び下りた。私は前に飛び下りた友人たちの体の上に落ちた。彼らがどうなっているのかわからなかったが、誰かが私の体を引きずりおろした」

〈デモ行進〉

「ケーダー社に労働組合があったら、こんなひどい火災事故は起きなかった。強い組合があれば、工場の安全基準を要求して、会社と交渉もできたのに」

「火災の後、いろいろなことが言われたが、結局、何も変わっていない。ケーダー社は、同じ場所に社名を変えて工場を再建した。目が見えなくなったり、足を失ったりした労働者は、当然の補償をいまだに受け取っていない」

矛盾に満ちた現実

映し出された映像の中に、私の長女が友人からいただいたディズニーのぬいぐるみがあり、とてもショックでした。みなさんも、このぬいぐるみをどこかで目にしているはずです。ディズニーランドや地方のバラエティショップでも見かけた記憶があります。

凄惨な火災現場の映像と、能天気な日本の小ぎれいなショップに並んだぬいぐるみ。どう考えても、不条理と矛盾に満ち満ちた忌わしい現実としか言いようがありません。

ビデオで女性労働者は、こう言っています。

「おもちゃを買う人びとに、私たちの安全についても考えてほしいと思います。おもちゃはこどもたちによいものです。でも、私たちのことも考えてみてください。私たちは体を張って、これをつくっているのです。これをつくっている労働者の暮らしにとっても、よいものでなければなりません」

ビデオに出てきたぬいぐるみ

3
深刻な環境・健康問題

中国で何が起きているのか

深圳のあまりの空気のひどさや川の汚さに衝撃を受けた私は、「中国全体の環境や人びとの健康はどうなっているのだろう」と気になりました。そこで、帰国後すぐに、国立環境研究所の上席研究官をつとめ、環境省代表でWHO(世界保健機関)のコンサルタントとして調査・研究をされている兜《かぶと》 真徳《みちのり》氏の研究室を訪問。中国の状況をお聞きしました。

兜氏は中国や東南アジアをはじめ世界中へ足を運んで、調査・研究されています。おかげで、全体像から個別の問題まで、ある程度の事実がわかってきました。以下は、兜氏のお話と、WHOが中国予防医学会環境健康技術研究所(北京)と共同作成した「国連開発計画(UNDP)による中国2001年度人間性開発報告書」(英文、翻訳＝化学物質問題市民研究会の安間武氏)や『世界の資源と環境1998〜99』(世界資源研究所ほか共編、中央法規出版、98年)などを引用・参考にしながらまとめたものです。05年の現在も、状況は基本的に変わっていないと思います。

大気汚染の影響

①慢性の呼吸器系疾患

中国では、大気汚染を原因とする慢性の呼吸器系疾患が、おもな病気と死亡原因のひとつであるといわれます。具体的には、肺性心(肺の疾患が原因で肺高血圧になり、右心室の肥大や拡張を起こす。原因の多くは慢性肺気腫)、肺気腫、ぜんそく、慢性気管支炎です。

国連によると、世界の大気汚染ワースト15都市のうち、13までがアジアにあります。中国でもっとも汚染がひどいのは太原です。また、世界銀行の調査では、大気と水の汚染の影響による中国の死者数は毎年200万人を超すと推定されました。

なお、全世界で大気汚染による病気で苦しむ人びとの43%は、5歳以下のこどもです。その人口は全人口の12%を占めるにすぎません。

②鉛中毒に侵されるこどもたち

28都市の97年〜00年の3年間にわたる調査では、都市部のこどもの半数以上が、血中鉛濃度でWHOの基準値(100 μg／ℓ)を超えています。とくに北京や河南省で高く、60～80％になっていました。また、深圳市の最近の調査(中国医療協会)によると、1万1348人のこどもたちの65％の鉛血中濃度がWHOの基準値を超えていました。

おもな原因は、鉛入りのガソリンです。ガソリンに含まれる鉛は世界の鉛使用量全体の2.2％にもなり、都市部では最大の鉛曝露発生源。大気中への鉛総排出量の約90％は、有鉛ガソリンからなのです。自動車から排出された鉛は土壌中や飲み水に染み込み、食物連鎖で体内に摂り込まれる可能性があります。

また、おもちゃ、鉛筆、鉛系 釉薬《うわぐすり》をかけた陶磁器なども、原因のひとつです。

鉛は、煙を除けば、人類がつくり出した最古の大気汚染物質。脳・腎臓・生殖器官・心血管系に毒性を及ぼします。そして、知的障害・腎臓機能障害・不妊症・流産・高血圧などが引き起こされるのです。とくに幼児に有害で、鉛の曝露が知能指数をかなり低下させることを示した研究は、ひとつやふたつではありません。

WHOは、出生後の鉛曝露により、血中濃度が109～330μg／ℓになると学習障害や行動障害が起きると指摘しています。鉛などの重金属はいったん排出されると、数百年以上も環境中に残留します。免疫力を弱めるので、感染症の増大にも一役かっている可能性が大きいのです。

ほとんどの化学物質については、低濃度での曝露が健康に与える影響について、まだよくわかっていません。しかし、鉛の場合は非常に低濃度であっても、きわめて高い毒性があることがはっきりしています。

鉛を大量に含むハイオクタンガソリンは、オイルや点火プラグを頻繁に交換しなければなりません。一方、有鉛ガソリンから無鉛ガソリンに切り替えると、エンジンの寿命を1.5倍に延ばすことができます。

③フッ素沈着症

通訳を務めた周さんの歯のフッ素沈着が、私は気になっていました。

フッ素沈着症の第一の原因は、フッ素化飲料水です。中国の大半の地域では、フッ素を高濃度(WHOの基準値1 mg/ℓの5倍)で注入した水が使われています。第二の原因は、石炭の燃焼によって体内に摂り込まれるフッ素です。99年の中国健康統計調査では、全国で水中のフッ素を原因とする歯と骨格のフッ素沈着症例は約2500万件にものぼっています。

飲料水の汚染など

①砒素中毒

中国では、約1470万人が砒素で汚染された飲料水を飲んでいるといいます。おもな発生源は地下水(井戸)で、天然に存在する砒素によるガンは上皮組織(皮膚、呼吸器、消火器、泌尿器)に発生し、すべてのガンのなんと80%も占めているそうです。皮膚ガンがもっとも多く発生しています。

②肝臓ガン

とくに農村部では飲料水の生物的汚染がひどく、肝臓ガンや消化器系感染性疾患の原因になっています。肝炎、腸チフス、細菌性赤痢、下痢など消化器系感染症の発生率は、先進国の10〜100倍です。

下水、排泄物、農業廃水(中国は世界最大の化学合成窒素肥料消費国)は、全人口の25%が飲料水として使用している河川や湖、沼、池に流れ込んでいます。その水は富栄養化し、7〜9月にかけてシアノバクテリアを増殖させるのです。このバクテリアは肝臓ガンを引き起こしたり、鳥、家畜、動物、人間の肝臓を直接脅かす毒素(たとえばマイクロシスチン)を生成するといわれます。飲料水中のマイクロシスチンは、通常の殺菌や煮沸をしても完全には除去できません。

③農薬によるダイオキシン汚染

WHOは、ダイオキシンも90年代から調査。中国では、水田、川、沿岸部に棲む巻き貝に繁殖した住血吸虫の駆除剤を30年間撒き続けました。その駆除剤がダイオキシンで汚染されていて、数百万人もに症状が出たというスウェーデンの研究者の調査もあるそうです。

WHOのショッキングな調査結果

図7は、WHOが発表した「中国における人間の健康に対する潜在的な危険性」です。省(台湾を含む)・自治区・直轄市・特別行政区ごとに分けられていて、色の濃い部分ほど危険性が高く、白い部分は危険性が低いことを示しています。

この図を見て、私は唖然としてしまいました。そのうち12、面積でみると半分程度が真っ黒なのです。危険性の高い地域が多すぎます。しかも、私が訪れた深圳の汚染は相当にひどいと実感したのに、この図では白なのです。

「でも、隣の国の問題だから」などと、のん気なことは決して言っていられません。中国の汚染(ダイオキシン、黄砂、さまざまな有害物質など)は、空からも海からも日本に運ばれ、日本の環境をより悪化させています。

世界中の企業が中国を巨大な市場として狙っているいま、中国の環境問題の解決を中国だけに任せず、国

図7　省・自治区・直轄市・特別行政区別の人間の健康に対する潜在的な危険性（01年当時）

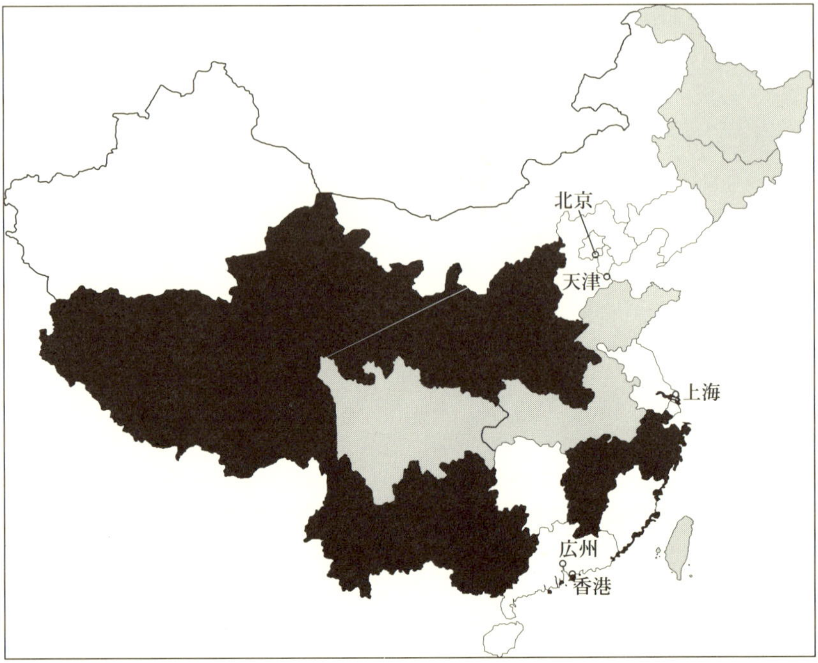

（注）■＝高い、▢＝中、□＝低い。

際的な協力体制を築いていくことが急務です。08年にはオリンピックが北京で開催され、経済発展と広大な国土の開発はさらに進むと予想されます。中国の環境汚染は、日本の脅威、いや世界の脅威です。中国が今後の地球環境問題の鍵を握っていると言って、過言ではありません。

加速する
グローバリゼーションの問題

グローバリゼーションとは、自由貿易の急速な拡大や自由市場の発展によって、国境を越えて個人・企業・団体などが行動し、相互が影響を受けるようになるプロセスです。生産技術や通信技術が進歩したおかげで、企業は原料供給地からも市場からもかなり遠い場所に生産拠点をすえられるようになりました。それは、多くの企業にとって、労働力が安い途上国へ生産拠点を移すことを意味します。

中国はWTO（世界貿易機関）への加盟をきっかけに、統制経済から市場経済へ移行中です。輸出加工区数が増加し、さまざまな規制の対象外の地域が多くなりました。

こうした地域では、若い女性やときにはこどもが労働者のかなりの部分を占めているようです。彼らは、有害な作業環境、低賃金、長時間労働を余儀なくされています。

また、有害であるという理由で先進国で厳しく規制された産業が途上国に移転しつつあります。肺ガンや中皮腫などで多くの死亡者を出したアスベスト(石綿)を使用する産業が、その典型的な例です。

二重の危険とジレンマ

こうして、中国に限らず途上国の人びとは、環境汚染による健康への影響という点で、二重の危険にさらされています。ひとつは伝統型の問題で、きれいな水の不足や不衛生な環境などです。もうひとつは近代型の問題で、先進国と同様の産業公害です。『世界の資源と環境 98~99』の「中国の健康と環境」には、つぎのように記されています。

「本書で述べたさまざまな社会的動向をすべて背負っている国、これらの動向から環境の質と公衆衛生に難題をもたらされている国は、現代中国をおいてほかにない。(中略)この国は、ここ 20 年間で驚くべき工業成長を遂げたことにより、21 世紀には経済大国にもなろうかという国に生まれ変わっている。

しかし、こうした発展に伴い、中国は地球上で最も深刻な環境問題のいくつかを抱え込んでおり、こうした問題のために、今後高度な経済成長を維持できなくなる可能性がある。

中国政府はこうした問題の緊急性を認識して大気汚染と水質汚濁を防止する一連の政策を推し進めてきた。これらの政策がどの程度成功するかは、中国国民の健康や環境だけではなく、地球環境にも直接的な影響を及ぼす」

また、兜氏はこう述べています。

「日本など先進国は、伝統的問題を解決したうえで工業化を図り、先進国型環境問題をかかえるようになりました。

これに対して中国は、旧来型の問題を解決するために市場を開放し、多国籍企業なども積極的に受け入れ、GDP(国内総生産)を 21 世紀初めの 10 年間で 2 倍に上げようと頑張っています。しかし、皮肉なことに開発依存型のその頑張りは、いま先進国がかかえている新しい環境問題をも受け入れることを意味しています。

このように二重の問題、ジレンマをかかえた国は、これまで先進国でも例がありません。したがって、その解決方法もまた前人未到の困難極まる深刻な状況に直面しているのです」

〈コラム〉横柄な香港のミニカー・メーカー

健康が侵されている？

　マイストー社のミニカーは、100円ショップでも売られています。中国の東莞《トングワン》市（深圳の北西）とタイにいくつかの工場があるようです。高橋さんは、こう言っていました。

「塗料や接着剤の影響で、マイストー社の工場で長く働いてきた女性が産んだ赤ちゃんが、カゼのような症状が慢性化して治らないという情報がある」

　日本はアメリカに次ぐ世界第2の、マイストー社のマーケットです。製造現場の健康被害についての情報が気になり、深圳からの帰途、香港に立派なオフィスを構えるマイストー・インターナショナル本社を訪ねました。明るいオフィスには受付の女性が2人。用件を伝えると、しばらくして階上から現れたのは、ロングスカートの若い女性です。

　私は日本の100円ショップで購入したプラスチック製のミニカーを見せて、言いました。

「このミニカー本体の材質、塗料と接着剤にどういうものを使っているのか教えてほしい」

「本体は亜鉛ダイキャストだが、すべてダイキャスト（合金）とは限らない」

　塗料と接着剤については答えません。そこで、重ねて尋ねました。

「（マイストー社は）生産者であって、

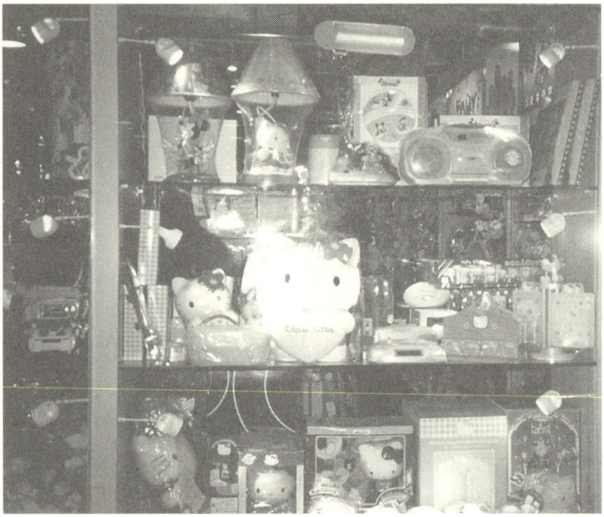

おもちゃが並ぶ香港の100円ショップのウインドウ

売る人ではない。消費者には教えないことになっている。なぜなら、あなたは直接の顧客ではなく、単なる消費者だから。それが会社の方針だ。なぜ、一般消費者のあなたがそんなことを知りたいのか。知りたいなら、輸入業者か買ったところに行って聞いて。それが正常なプロセス。私が責任あるのは、顧客(業者、バイヤー)のみ。顧客に知らせるから、あなたの名前・住所・所属を書いて！」

マイストー社のミニカーは買わないゾ！

ここまでに要した時間は約40分です。たかがミニカー。でも、つくっている人たちの健康を害していると聞けば、買う立場としては黙っていられません。

「日本の消費者がなぜ、こんなところまで？」という疑いがまず生じ、警戒されたのでしょうか。彼女のきゃしゃな体は震えていました。

「私が名乗る前に、あなたが名乗りなさい！」

私がそう言ってノートを差し出すと、腹立たしそうに、乱暴に書きなぐりました。

「Sales Department, IRIS」

彼女はアイリスという名前で、マイストー社の営業部長でした。横柄で不遜な態度と振る舞いに、こちらもエキサイト。マイストー社のミニカーは絶対買わないゾ！

こどもが遊ぶおもちゃをつくっていながら、こんな商売の仕方をするなんて、許せない！　もっとも、マイストー社だけでなく、メーカーはどこも多かれ少なかれ、こんなものと思っていたほうがいいかもしれません。

それにしても、お粗末極まりない。消費者をなめている。バカにしている。安全性以前の問題です。

マイストー社のミニカーは、No Thank You！

マイストー社のミニカー

〈コラム〉有害な電子廃棄物が中国へ流入

中国はじめアジア諸国では、電子廃棄物の野焼きが行われているという。NGOの代表が事実を調べようと訪中した。香港から北東に車で約4時間、広東省のグイユ周辺は国際電子廃棄物取り引きの最前線だ。香港の近くで陸揚げされたアメリカ、カナダ、日本からのコンテナが毎日トラックで運ばれている。

目標は、少しでも多くの鉄、プラスチック、銅、金の回収だ。防護するものもなしに作業者（その多くはこども）は一日中、コンピュータチップを抜き出したり、金を回収しやすいように、回路基板の鉛ハンダを加熱して溶かしている。鉛やプラスチックが燃えると有害な煙が排出し、鼻や皮膚から体内に取り込まれる。鉛の溶解残渣は、ただ地面に吐き出されるだけだ。汚染レベルは先進国の基準値の数百倍もあった。

他の村では、プラスチック被覆ケーブルをおもに夜間に燃やしていた。被覆ケーブルに含まれる塩ビと難燃剤は、低温で燃やすとダイオキシンを発生する。村全体が有毒なススで黒くなっている。

チャオヤン区では、傾いた粗末な小屋の中で、6人の幼い女の子たちが、ハンマーを小さな肩まで振り上げて、コンピュータ部品を打ち砕くのに忙しい。一番年下の4歳になるヤオ・ホンは、砕いた部品の中からキラキラ光る銅コイルを器用に取り出し、真っ直ぐにしてカゴに投げ込んでいる。明らかに危険な作業だ。電子部品廃棄物は、鉛やカドミウムをはじめ約1000もの物質を含んでいると、最近2つの環境団体が警告した。

有害廃棄物を富める国から貧しい国に輸出することを禁止したバーゼル条約が採択されたにもかかわらず、電子廃棄物は欧米や日本、韓国から中国に輸出されている。中国では豊かな広東省にあるチャオヤン区でさえ、この10年間に、多くの農家が現金収入を求めて電子廃棄物の分解・回収業に転業した。金目のものを回収した後の不要物は、田んぼ、川の土手、池の中などいたるところに捨てられる。井戸水が黄色く変色して、飲むのを止めた家族もある。

Environmental Health Perspectives 2002, Reuters World Environment News 2002より抜粋　（翻訳：安間武氏）

CHAPTER 6

こんなおもちゃが欲しかった

1
天然素材の安全なおもちゃ

デザイナーの責任

おもちゃは小さなものから大きなものまで、デザイナーがデザインしています。メーカーからはさまざまな制約を受けるでしょうが、デザインだけでなく、各パーツの材質を指定するのも、デザイナーです。

製品に対する直接的な責任は、もちろんメーカーにあります。でも、デザイナーも、「相対的に安全なプラスチックなら、使ってもいいではないか」というレベルにとどまってほしくありません。プラスチックという素材を製造から廃棄までの段階でとらえ直し、モノづくりの一端を担う者としての責任を果たしてほしいと思います。

こどもの成長過程で大きなウエイトを占めるおもちゃに化学物質を使うこと自体、毒性の程度はともあれ、見直しが必要でしょう。有害な塗料や接着剤を使わない設計やデザインの工夫によって、化学物質の回避はできるはずです。

おもちゃといえば、カラフルさがこれまでの常識。しかし、こどもの豊かな感性や情操を育むのに、工業的につけられる派手な色は本当に必要なのでしょうか？　売る側の都合、ごまかしに乗せられているだけ。むしろ、有害になっているかもしれません。買う側も、“おもちゃはカラフルなもの”という認識を改める必要があります。

あらゆるものは、

最終的にはごみになります。デザイナーには、その場しのぎのもてあそび物をつくってほしくありません。捨てるときにも有害にならないかどうかを、あらかじめ考えるべきでしょう。

おとなになってから、「こどものころ、このおもちゃで遊んで楽しかったな」としみじみ思い出になる、おもちゃづくりを心がけてほしい。人間としての良心をもってほしいと願わずには、いられません。

こだわりのおもちゃ作家を訪ねて

埼玉県飯能《はんのう》市にある無垢《むく》工房の野出《ので》正和《まさかず》さん(1966年生まれ)は、おもちゃに遊ばれるのではなく、遊びを考え出せるシンプルなおもちゃづくりを信条とする、おもちゃ作家です。

「ぼくはこどものころ、父親に完成品のおもちゃは一切、買ってもらえなかったんです。自分でつくるものだけ。ぼくのおもちゃづくりは、そんな父親の影響から始まっています。我が子にも、親父の背中を見せたいですから」

野出さんを知ったのは、こどもが見ていた『TVチャンピオン』(テレビ東京系列)の「木のおもちゃ職人」選手権。野出さんは準優勝でしたが、発想が新鮮で、感覚的にピタッとくるものがあり、印象に残りました。そこで、工房を訪ねたのです。

「埼玉県内の保育園に働きかけて、出張工作教室を主催しました。こどもたちに丸太を切らすと、切り屑を宝物のように集め、奪い合って遊んでいたんですよ」

おとなの意図や想像を吹き飛ばす遊びの天才、それがこどもなのです。その光景を思い描くだけで、私も愉快になりました。

野出さんはかつて、自分の長男のためにつくったヒノキ製のおしゃぶりを販売していたそうです。あるお母さんからは、こんな手紙が届いたと言います。

「いままでどんなおしゃぶりもなめなかったけど、我が子がはじめてなめてくれました」

ただ、ヒノキ材(他の何種類かの天然木も同様)は、店頭に並んでいるうちにヤニが出てくるものもあり、見た目ではそれを見分けられないそうです。それで廃版にしました。

「ヤニ止め処理もできるけど、人工的に手を加えることになるので、それはしません」

こだわっておもちゃをつくる野出さんらしいエピソードだと私は思いました。

おもちゃを買いに来る親から、「安全ですか」の質問は多いそうです。野出さんのような作家がつくるおもちゃの場合、強度や使用上の注意が書かれておらず、事故が起きたときの保証もないのが弱点です。とはいえ、こうした木のおもちゃがもっと広がってほしいという気持ちには、変わりがありません。

独自のテストでつくる無垢のおもちゃ

もっとも多い材料はドイツ産のブナ。ドイツでは国有林で計画的に植林・伐採しているため、安心して使っているそうです。野出さんは言います。

「ブナはそりや狂いが出やすい材ですが、その弱点をカバーする乾燥方法が生み出され、ヨーロッパでは建材などに多用されています。おもちゃにも適していますね」

また、ヒノキは木曽産を直買で利用しています。

塗料は極力、使いません。透明性を出すためには、ナチュラルクリヤーという水溶性ウレタン樹脂塗料を使用。着色は、食品衛生法の基準を満たす着色剤、水、ナチュラルクリヤーを混合して使います。以前は、ヨーロッパのEN 71より厳しい無垢工房独自のテストも行っていました。

「自分の気持ちを無垢に近づけたい」

無垢工房のおもちゃは、何も塗らず、ボンドも使わず、シンプルで無垢なおもちゃに、どんどんなりつつあるそうです。そこで質問しました。

「おしゃぶりなどは、しょっちゅう口に入れます。まったくの無垢では、唾や雑菌がしみ込んで不衛生になりませんか？」

「おしゃぶりを納入している保育園では、1人1個ずつ専用とし、脱脂綿に消毒用アルコールをしみ込ませて拭いて、消毒しています」

なるほど。風通しのいいところで、さらによく乾燥させれば、よりよいですね。ちなみに、消毒用アルコールは薬品です。病院で使っている強酸性水のほうがベターでしょう。殺菌力は問題ありません。

世界的にも高い評価

野出さんのおもちゃは、67ページで紹介したスピルグートのマークが付いたものもあります。日本では、2005年現在8点が認定され、そのうち6点が無垢工房製です。

なお他の2つは、(有)木《もく》の中井秀樹さんの木童《こわっぱ》と、Mtoys《エムトイズ》アトリエの松島洋一さんのウェーブ。木童は、ユニークな輪投げ。台座に積み上げた棒の的をめがけて輪を投げると、輪がぶつかるたびに、棒がグニャリといたずらっぽく向きを変えます。ウェーブは、つまみを上下に動かすと板が波打って、人形が波乗りを始めるおもちゃです。

以下に、無垢工房でいま商品化されている4つを紹介しましょう。

①忍者(12 個入り～230 個入り)
　サイズ　51×55×10(mm)
　材　質　ブナ
　積み木遊びから、平面、立体、バランス、そしてゲームまで、遊びの広がるおもちゃ。

②ならべっこ
　サイズ　110×175×22(mm)
　材　質　メープル、ミズキ
　無害塗料使用で、ガラガラとしても使える。指先と頭を使い、玉を並びかえていく。年代を問わず楽しめ、携帯用にも便利。

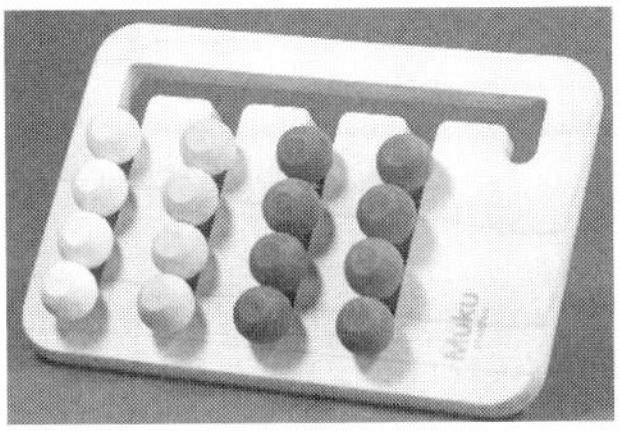

③レン君(全 5 色)
　サイズ　80×80×10(mm)
　材　質　ブナ、カラーワイヤー
　手足が自由に曲げられるので、好きなポーズで遊べる。考えを【練る】、重ねる・積むで【連】なる。それで REN と命名した。

④D.I.M(Do It Myself)
　サイズ　60×230×18(mm)
　材　質　ブナ、ウォールナット、
　　　　　ビー玉×3
　両手で持ったプレートにビー玉を転がして交互につなぎ、エンドレスで転がす。

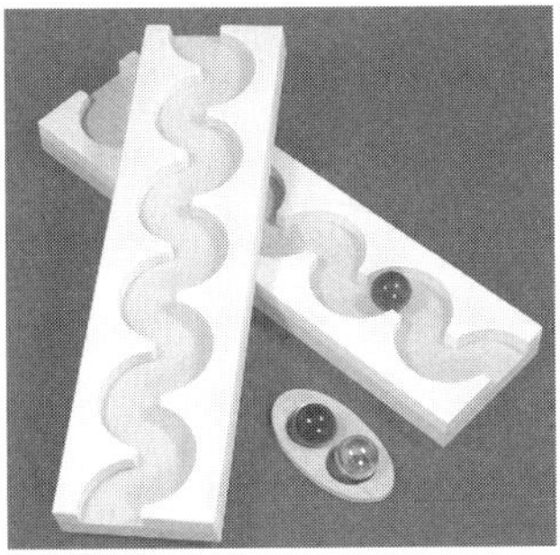

　最近は輸出も始めました。また、海外のメーカーがデザイン契約してサンプルをつくりはじめているものもあるそうです。

いっしょに遊ばない親も

野出さんに、おもちゃづくりをとおして感じていることを聞いてみました。

「こどものためになりそうなおもちゃ、役に立ちそうなおもちゃ、頭を使って考えさせるおもちゃを選ぶ親が多いですね」

その一方で、たとえば忍者のように親子でいっしょに遊んでほしいおもちゃを、「これを与えておけば、ひとりで遊ぶだろう」と考え、こどもといっしょにに遊ぶことを面倒くさがる親も。また、自分のこどもにばかり目がいき、近所のこどもといっしょに遊ぼうとは考えていない親が多いと言います。

「むかしは、まわりのおとなたちに守られているという開放された雰囲気があったけど、いまは自分の親だけに守られているって感じです」

「長男がサッカーをしていて、コーチを担当している経験から、こどもの身体的能力が落ち、覇気がなくなっていると感じています」

「もうひとつ気になるのが、親がこどもの能力を低く見すぎていることです。たとえば、工作で機械を使わせるでしょう。すると、『ウチのこどもはできない』とすぐ決めつける。プロではないんだから、楽しくできればいいのにね。工作教室で『釘を打つから金づちを用意して』と言うと、若い親は『安全そうだから』と 100 円ショップでゴムの金づちを買ってくるから、呆れますよ」

堅実なものの見方や考え方がしっかりと根底にあり、日本人離れした自由な発想で、さまざまなことにアクティブに挑戦する野出さん。その新鮮さを、いつまでも大切にしてほしいと思います。

〈無垢工房の連絡先〉

〒357–0125　埼玉県飯能市上赤工275–5–1、電話 042–977–1889、FAX 042–977–1772、ホームページ http : //www.muku-studio.com/　おもちゃが買える店はホームページ参照。

命を大切にする柔らかな感性

何かと疲れるこの時代、おとなの私も手元に置きたくなるような、何ともやさしく愛らしい雰囲気の創作おもちゃたち。自由学園の卒園生が 1932 年に設立した自由学園工芸研究所では、「女性の心と手」による生活用品の企画・製作の一環として、おもちゃもつくられています。

自由学園の校風を受け、おもちゃは木・コルク・布(オーガニックも)の天然素材です(一部にメラミン樹脂を使用)。

「人形の腕がとれちゃったから、つけ直して」

お母さんが使ったおもちゃをこどもにもと、そのよさがわかる人たちが代々、使い続けているそうです。

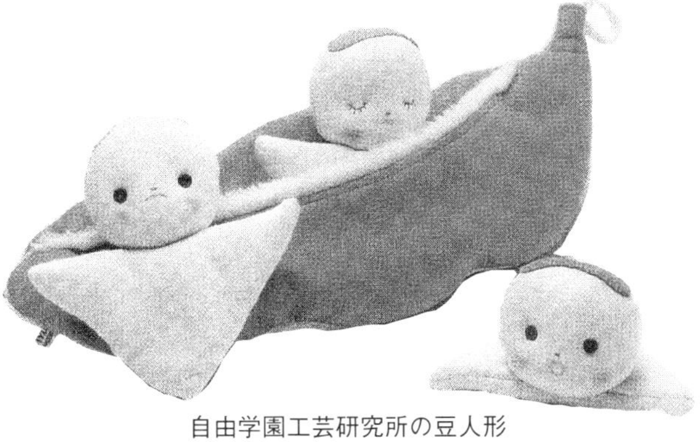

自由学園工芸研究所の豆人形

愛をもってつくれば、その愛はつながって広がっていくのですね。

池袋駅から徒歩5分、閑静な住宅街の一角にあるJMショップ(自由学園明日館内)で、作品は手に入れられます。床には木やコルクの積み木があり、ひとしきり遊んでいくこどもも。愛子さまも「オーガニック仔羊」のぬいぐるみ人形など数点を利用したそうです。

雰囲気のいい静かなお店で、親子でゆったりとおもちゃ遊び、おもちゃ選び。素敵ですね。そんなときは、みんな優しい親になれそう。

食べものと同じで、ゆっくりと時間をかけ、情報を得る努力をしながら、手づくりを心がけた、おもちゃ探し。自分流のおもちゃメニューを楽しんでください。

こどもが欲しがるおもちゃを与えないと、反抗したり仲間はずれになるのではという不安も、あるかもしれません。たしかに、年齢にふさわしいおもちゃはあります。でも、それらは、あくまでも遊びの道具です。

食べものを与えるのと同じような、安全で安心できるものを大切にする価値観で、おもちゃも選んでほしいと思います。アメリカでは、食品会社がおもちゃもつくるという文化があるそうです。命を大切にいつくしみ、守ろうとする、人間らしい柔らかな感性と自らの信条を失わないようにしてください。

短いような長いような、人間の一生。こどもがおもちゃで遊び戯れるのは、10年そこそこ。でも、その時間は、人間としての基盤がしっかりできていく、かけがえのない大切な時間です。シュタイナーが言うように「7歳まで、こどもは夢のなか」。親もいっしょに、その夢のなかを漂いましょう。

2
自然こそスーパーおもちゃ

遊び相手は自然だった

自分のこども時代を振り返ってみると、おもちゃという「モノ」の存在はきわめて希薄です。

天気がよければ、野原で木いちごを摘み、白つめ草で首飾りを編み、ザリガニを捕り、落ちた椿の花を枝に刺し、どんぐりなどの木の実を拾い、栗の実やきのこを採る……。自然のなかで、のびのびと、思いつくままに、自由に、時間を気にせず、遊んでいました。雨上がりの水たまりだって、何もない地面だって、石ころだって、遊び相手でした。

思うに、あてがいものとしてのいわゆる「おもちゃ」は必需品ではないでしょう。自然のなかにこそすべてがあり、土から離れたら人間はロクなことにならないと考えます。そういう意味で、とても素敵な活動をされている方を紹介しましょう。

自然のなかで広がる活動

浦部利志也《うらべとしや》さんは、もともとおもちゃ作家でした。でも、自らと人間の思考の限界を悟ったと言います。

「趣向を尽くしてつくるおもちゃもかなわないよさが、自然のなかにある」

93年から、横浜市青葉区にある「寺家《じけ》ふるさと村」で、「子どものワークショップ」を主宰(ワークショップとは､少人数でモノをつくったり､いろいろなことを考える活動です)。6～12歳のこどもたちが身近な自然をいっぱい感じながら、季節ごとに作品をつくり出していきます。

たとえば､109ページの写真は「クヌギの実のコビト」。拾った小枝、ドングリ、樹皮などでつくります。このほか、石でつくるはし置き、流木でつくるキッチンハンガーなど、楽しい作品がいっぱいです。

おとなは、こどもが表現できるものを導くだけ。最近は、2～3歳の幼児、あまり学校に行けない中学生、親子での参加もあります。OBやOGも手伝いに来てくれるとか。

雑木林の中で鳥の声を聞いて自分なりにイメージして真似てみたり、

クヌギの実のコビト（浦部利志也『春夏秋冬 自然とつくる』大月書店、98 年より）

おとなが予期しないところに活動が広がっていき、おもちゃづくりとは別の次元があるそうです。

「そういうときのこどもの表情を見ていると、絶対こっちのほうが楽しい！　気持ちの昂揚があります。いまのこどもたちの多くは、ホントの心を動かしていないのでは？」

活動を続けるなかで、ごく自然に、育児・環境・家庭の問題にもかかわるようになったようで、控えめにこう話されました。

「親しくなると、親もこどももポロリと本音を話し、お互いにつながってくるものがあります。これからは、そういう方面にも力を尽くしていきたいですね」

同じ場所であっても、季節や天候や時間によって、自然はまったく違う表情を見せます。まさに、不思議な未知の世界。飽きることはないでしょう。

〈浦部利志也さんの連絡先〉

〒215–0007　神奈川県川崎市麻生区向原 3–13–25、電話・FAX 044–954–2758、ホームページ http : //homepage.mac.com/uraura 1/codomono_workshop/

3
「手づくり」を大切に！

こどもといっしょにモノづくり

特別なことをするのではなく、身近なものをこどもといっしょにつくって、使ってみる。田中周子《ひろこ》さん(現在は山梨県在住)は、そうやって楽しみながら、2人のこどもを育てあげました。

お母さんのやっていることを何でもやってみたいこどもたち。でも、いつも「やりたい」に付き合ってはいられません。そこで、あるときから土曜の午後を「やりたい時間・つくりたい時間」に。

すると、そこへこどもの友だちが1人、2人とやって来て、リビングがさながら工房のようになりました。気がつくと、「子どもといっしょにものづくり」の活動は、46年にもなっているそうです。現在は、ニーズに応じてどこへでも出張するという出前方式を取っています。

そこで、数年前から「子どものための LivingRoom」の考えをもとに、ワークショップ「ちくちく縫い」を始め、ジワジワと広がり出しました。

手づくりのこのワークショップでは、セーターやくつ下をリフォームして人形をつくったり、いまではすっかり出番の少なくなった針と糸で、お手玉、ぬいぐるみ、小物類などを創作。こどもだけでなく、親子でも、おとなのみでも、参加はOKです。

田中さんは90年代後半から、急に“こどもの手”が気になり出したと言います。妙にぎこちなく、手が動いていないのです。

「パスカルは“手は第2の脳。しかも、目に見える脳である”といっています。”手が動かないなあ”と見えたこどもも、気持ちが楽しいと、手はどんどん動き始めます」(『「ちくちく縫い」「子どもの文化」』04年7・8月号)

手をいい道具にして使う

田中さんは、こう言います。

「家族や社会のなかでの人間関係の希薄化、働いたり社会的活動をする女性の増加などによって、ていねいな子育てが誰にでもできる時代ではなくなりました。人間として成長していくのに必要なものは、いつの時代も変わらないと思いますが、時代の変化とともに、子育てをめぐる状況も当然、変化を求められているでしょう」

「具体的なことを体を使って一生懸命やらないかぎり、こどもは理解できません。スピード化して生活は便利になりましたが、こどもたちは社会性が育たないままに大きくなってしまい、親も責任がもてなくなっています。便利さが招く一家心中・国家心中をやっています。家事はクリエティブ！“一番大事なもの＝手”をいい道具にして使うことです。つくらなくなったから考えなくなったし、考えなくなったから、つくらなくなった。知識教育ではなく、意識教育が必要です」

「覚えることはするけれど、考えることをしなくなった、いまのこどもたち。どんなおもちゃも、実物・本物にはかないません。たとえば台所の水とか……。おもちゃの材質も、食器や日用品と同じレベルで考えないとね」

田中さんのワークショップを以前、取材させていただきました。田中さんは、暮らしのなかのあちこちで、おばあちゃんやお母さんの“針と糸”の手仕事と出会い、覚えてきたそうです。そして、そのかけがえのないものを意識的に子育てに取り入れてきました。それが、いまは親となった２人のお子さんにもしっかりと受け継がれたようです。

トイ・マイレージを考えよう

野出さん、浦部さん、田中さんのほかにも、安全で楽しいおもちゃづくりを心がけている作家はたくさんいます。身近なところで、フード・マイレージ(食べものが産地から消費地に届くまでの距離)ならぬトイ・マイレージを考えたおもちゃへの静かな移行が進んでほしいですね。

4
どんなおもちゃを選べばいいの？

日本は、誰もおもちゃの安全を保証してくれない国です。親が自衛するしかありません。まとめの意味で、どんなおもちゃを選べばいいのかを整理してみましょう。

①天然素材を選ぶ

プラスチックでもゴムでもない、木や布など天然素材がベター。

②オーガニック（有機）素材を選ぶ

同じ木製でも、農薬がかけられたり、ホルマリン浸けにされたり、防虫処理がされてない、オーガニック素材がベスト。

布も、さまざまな化学薬品処理がされている可能性があるから、注意しよう。繊維の加工剤は1000～2000種類あり、そのうちアレルギーを起こさないものは4つしかないという専門家の指摘もある。

そして、合成洗剤でなく石けんなどで洗ってから使えば、より安心。私は石けんも使わず、重曹入りの水を電解したアルカリイオン水で洗っている。浸け置き洗いをすれば、より効果的。洗った後のふんわりと柔らかな感触がたまらない。食器洗い、掃除、洗髪と、すべてこれで快適。

③シンプルな仕上がりを選ぶ

余計な着色がされず、接着剤も使われていない、シンプルなものを選ぶ。ニスより、亜麻仁油（アマの種子から得る油）か柑橘系など天然抽出物のオイルがベター。そして、あまり神経質にならない程度にアルコールや強酸性水で消毒し、乾燥させるとよい。無垢 is Best!

④いいものを長く使う

量より質。飽きのこない、いいおもちゃを長く使い、モノを大切にする習慣をつけよう。本当にいいおもちゃは、思い出の詰まったインテリアにもなる。食べものへのこだわりを、おもちゃにも！

⑤買う場所を選ぶ

一部のおもちゃ専門店や生協では、多少高くても、素性の確かなおもちゃ、オーガニックなおもちゃを、安心して手軽に買える（表12）。

ただし、木や布のおもちゃさえ与えておけば、それだけでいいこどもになるとは、思わないでくださいね。

表12　木製おもちゃが買える店など

名　　称	住　　所	電話・FAX・ホームページ
自由学園工芸研究所JMショップ	東京都豊島区西池袋 2-31-3	電話03-3971-7297、FAX03-3971-7298 http : //www.jiyu.jp/syuu/kougei
クレヨンハウス	東京都港区北青山 3-8-15	電話03-3406-6409、FAX03-3407-9568 http : //www.crayonhouse.co.jp/home/
ゆーといぴあ		http : //www.utoypia.co.jp
渋谷店	東京都渋谷区神宮前 6-32-5 ドルミ原宿 1 階	電話・FAX 03-3797-3304
恵比寿三越店	東京都渋谷区恵比寿 4-20-7 恵比寿三越地下 1 階	電話 03-3443-4644
笹塚店	東京都渋谷区笹塚 1-48-14 ショッピングモール 21 2 階	電話03-5738-3737、FAX03-5738-3714
田園調布店	東京都大田区田園調布 3-5-10	電話03-5483-5531、FAX03-5483-5532
木	東京都新宿区新宿 6-20-7 一路園内	電話03-5363-6779、FAX03-5363-6790 http : //www.mmjp.or.jp/moku/
フレーベル館	東京都文京区本駒込 6-14-9	電話03-5395-6641、FAX03-5395-6642 http : //www.froebel-kan.co.jp/
おもちゃ美術館	東京都中野区新井 2-12-10	電話03-3387-5461、FAX03-3228-0699 http : //www.toy-art.co.jp
おもちゃ箱	東京都大田区田園調布南 26-12	電話03-3759-3667、FAX03-3759-3170 http : //www.omochabako.co.jp
てとてと工房	東京都江東区東陽 3-26-10	電話03-3645-1484、FAX03-3645-1545 http : //www 3.ocn.ne.jp/~tetoteto
おばあちゃんの玉手箱	東京都武蔵野市吉祥寺本町 2-31-1 山崎ビル 1・2 階	電話0422-21-0921、FAX0422-21-0920 http : //www 5 e.biglobe.ne.jp/~obatama/
こどもの木	東京都府中市武蔵台 3-32-5	電話042-326-7650、FAX042-326-7655 http : //www.kodomonoki.com
ぱる（カタログ販売のみ）	神奈川県海老名市東柏ケ谷 3-7-26	電話・FAX 046-233-7821
MToysアトリエ	京都府宇治市木幡南山 80-267	電話・FAX 0774-33-3087 http : //www.geocities.jp/mtoys 222/
大地宅配	千葉県千葉市美浜区中瀬1-3 幕張テクノガーデン D 棟 21 階	☎0120-922-011、FAX 043-213-2663 http : //www.daichi.or.jp/

（注）東京都内を中心にしたもの（一部）。

〈コラム〉ドイツのおもちゃ事情

長女・絵里子が2002年、大学1年生のときドイツに留学しました。以下は、ヘルマン・ヘッセが大学時代を過ごしたチュービンゲンでホームステイした際、ホストマザーやおもちゃショップのオーナーから聞いた話を彼女がまとめたものです。

――いまプラスチック製おもちゃが主流なのは、経済的な事情ですか？

「景気がよかったころは、みんなお金をもっていたから、高いおもちゃを買えたわ。でも、いまは不況のため、おもちゃにお金をかけたがらないの。だから、スーパーなどで安いプラスチック製おもちゃを買うのね」

――塩化ビニル製のおもちゃは問題にされていないのですか？　お母さんたちは塩ビはじめプラスチック製おもちゃの問題を知らないのですか？　大都会と地方の情報の格差はありますか？

「いまは情報伝達手段が発達しているから、テレビや雑誌などのメディアをとおして、おもちゃの問題を多くの人が知っています。情報の格差はほとんどないわよ」

――木のおもちゃの塗料は気にしませんか？

「テストを受けて安全性が確認されたおもちゃにはマークが付けられている。安全なものを買いたい人は、そのマークが付いたおもちゃを買うわ」

――中国などアジア製とドイツ製では、どちらがよく売れますか？

「当然、安いほうが売れる。いまは多くの会社がコストを下げるため、ドイツではなくアジアでつくって、ドイツで売っている。木のおもちゃも……」

――値段が高くなければ、お母さんたちは木のおもちゃを買ってあげたいのでしょうか？

「もちろん、木のおもちゃがいいことを知っていて、買いたいのよ。にもかかわらず、お金がないために、多くの人がプラスチック製おもちゃを買っている」

――使わなくなったおもちゃは、どのように処分していますか？

「私は親せきの人にあげたわ。親子3代で使い続けている人もいるの。そのお孫さんは、お母さんやおばあちゃんが使っていたおもちゃで遊べることをとてもうれしく思っているそうよ。フリーマーケットに出品する人もいるわ。お金がない人はそこで安くおもちゃを買うのね」

〈コラム〉お薦めしたい本です

遊びやおもちゃとは何かを考えるのに、とてもいい本があります。『良い玩具のAからZ──遊びと玩具の小事典』(「子どもの遊びと玩具」審議会著、遊びと玩具研究会発行、1980年)です。現在は手に入りにくいので、以下に一部を引用します。

「健康な子供たちは、邪魔されることがなければ、6歳ごろまでに、15,000時間を遊んで過ごしている……これを1日平均でみてみると、じつに7〜9時間にもなる……」

「私たちが『遊ぶ』と定義している内容は、子供たちが好奇心から生じた、自発的で自然な態度で、楽しみながら自分の環境と相対している、つまり子供たちが自分にあったやり方で、今まで知らなかったものへ、慣れ親しんでいくという過程なのです。……それは習慣や慣れが、まだほとんど存在しない世界なのです」

「いまの私たちの環境は、子供にとって、より危険になっただけでなく、わかりにくくもなっています。様々な機能は、もはや遊びながら体験したり、再構築したりすることができなくなっています。

例えば洗濯したり、じゅうたんをパタパタはたいてほこりを出す、暖房する、ピアノをひく、階段を上がるなどということと関連した、様々な種類の体験は、多くの子供にとってはボタンを押すという機械操作、つまり単純で画一的な体験にとって変わりつつあります」

「このように喜ばしい発展にも、残念ながらよくない点がでてきています。遊ぶことは学ぶことであるという認識から、遊びと玩具を教育やトレーニングの手段として使うという、誤った方向にいってしまったのです。幼児に対してさえも、家庭や幼稚園のなかで“学習遊び”を氾濫させるといった傾向を作ってしまいましたが、この責任の一端は教育学者にもあります。

この有害な状態は少しずつ是正されてきたものの、いまも、多くの子供たちが恐るべき学校時代への準備がなるべく整うようにと、このような“遊び”をすることを強いられているのです」

「いろいろな家庭で玩具の種類や状態をよく観察する機会を持てば、小さな子供たちが、すでに非常に多くの玩具を所有しているにもかかわらず意味のある大切なものはほとんどもっていないということに気付くでしょう」

あとがき

この原稿を一度は書いてみたものの、すんなりと出版には至らず、没にしようと思っていました。そんなとき、NHKの『クローズアップ現代』がこどもと化学物質について取り上げ、キャスターがこう言ったのです。

「科学的根拠がはっきりしなくても、問題となる化学物質の規制が必要なのですか？」

この一言を聞いて、やはり没にはできないと思い直しました。氾濫するプラスチック製おもちゃの問題について十分に認識されていないことを痛感したからです。発達途上にあるこどもたちを守るためには、予防原則を政策として取り入れる必要があります。おもちゃの全売上高の４割はクリスマスから正月に集中しますが、その前にタイミングよく出版できました。コモンズを紹介してくださった安間節子さん(化学物質問題市民研究会)、ありがとうございます。

人間のとどまることのない欲望と畏れを知らぬ暴力は、ついにオゾン層にまで達してしまいました。田中周子さん流にいえば、「人類の不条理極まる無理心中」です。「願わくは、誰か魔法の粉でも振りまいて、この痛ましき穴をふさいできておくれ」

産業界や政界は、無数の生きようとする生命の輝き、生きる希望にどう応えるのですか？

環境ホルモンの研究者として知られるシーア・コルボーン博士は2000年に来日して講演したとき、私の質問にこう答えました。

「私も、孫にどんなおもちゃを与えればいいのか困っています。こどもたちがプラスチックを触ったら、手をよく洗ってあげてください」

世界を代表する科学者のメッセージをきちんと受けとめたいと思います。

〈著者紹介〉
深沢三穂子（ふかざわ・みほこ）
1953年　千葉県生まれ。
60年代に「いまに日本中がごみだらけになる。水も買って飲む時代が来る」と予告した母と、進取性に富み、水や土を汚すことを極度に嫌った父の影響を受けて育つ。90年ごろから地域の市民運動に参加。「止めよう！ダイオキシン汚染・関東ネットワーク」「塩ビとダイオキシンを考える東京市民会議」などの活動に参加。「見直そう！こどものおもちゃ」実行委員会呼びかけ人。田尻賞を受賞した藤原寿和氏の一貫した運動精神を学ぶ。
現　在　Act Freely

〈シリーズ〉安全な暮らしを創る12
そのおもちゃ安全ですか
2005年11月1日　初版発行

著　者●深沢三穂子

発行者●大江正章
発行所●コモンズ
東京都新宿区下落合1-5-10-1002
TEL03（5386）6972
FAX03（5386）6945
振替　00110-5-400120
info@commonsonline.co.jp
http://www.commonsonline.co.jp/

印刷／東京創文社・製本／東京美術紙工
乱丁・落丁はお取り替えいたします。
ISBN 4-86187-012-7 C0036